# 变化环境下引黄灌区水安全保障研究

张修宇 著

中国水利水电出版社
www.waterpub.com.cn
·北京·

## 内 容 提 要

本书主要介绍河南省辖黄河水资源开发利用情势，引黄灌区水循环转化关系，变化环境下引黄灌区水资源承载力计算模型构建，变化环境下引黄灌区水资源动态承载力分析，变化环境下典型引黄灌区水资源优化配置，变化环境下河南黄河水资源开发利用理念及战略规划建议等内容。全书理论与实例相结合，内容翔实，层次分明，具有较强的实用性。

本书可作为水利水电工程、农业水土工程、水文与水资源工程等相关专业的本科生和研究生参考使用，也可供从事以上相关专业研究的高校教师、科研和管理人员参考阅读。


**图书在版编目（CIP）数据**

变化环境下引黄灌区水安全保障研究 / 张修宇著. -- 北京 : 中国水利水电出版社, 2020.7
ISBN 978-7-5170-8733-5

Ⅰ. ①变… Ⅱ. ①张… Ⅲ. ①黄河－灌区－水资源管理－安全管理－研究 Ⅳ. ①S274.4②TV213.4

中国版本图书馆CIP数据核字(2020)第138726号

| | |
|---|---|
| 书　　名 | **变化环境下引黄灌区水安全保障研究**<br>BIANHUA HUANJING XIA YINHUANG GUANQU SHUIANQUAN BAOZHANG YANJIU |
| 作　　者 | 张修宇　著 |
| 出版发行 | 中国水利水电出版社<br>（北京市海淀区玉渊潭南路1号D座　100038）<br>网址：www.waterpub.com.cn<br>E-mail：sales@waterpub.com.cn<br>电话：(010) 68367658（营销中心） |
| 经　　售 | 北京科水图书销售中心（零售）<br>电话：(010) 88383994、63202643、68545874<br>全国各地新华书店和相关出版物销售网点 |
| 排　　版 | 中国水利水电出版社微机排版中心 |
| 印　　刷 | 北京瑞斯通印务发展有限公司 |
| 规　　格 | 184mm×260mm　16开本　8.75印张　213千字 |
| 版　　次 | 2020年7月第1版　2020年7月第1次印刷 |
| 印　　数 | 0001—1000册 |
| 定　　价 | **68.00**元 |

# 前言

黄河是中华民族的母亲河，她孕育了中原文明的繁荣昌盛，在党中央、国务院的正确领导下，国家集中力量修建水利枢纽、整修加固下游堤防、发展农田水利灌排工程，使黄河水资源得到了有效的开发和利用。随着黄河小浪底水利枢纽工程的建成运用，黄河下游沿黄地区的城市生活及工业供水保证率、农业灌溉保证率都得到了显著提高，河南省辖黄河水资源开发利用对沿黄地区经济社会发展起到了重要支撑作用。

然而，随着全球气候变化和人类活动的影响，黄河水资源形势变得十分严峻。更加科学合理地、高效地开发和利用水资源显得尤为重要。河南省作为国家粮食生产核心区，近年来随着人口的增加和工农业的发展对水资源的需求越来越迫切，河南省辖黄河水资源紧张状态加剧，如何维系黄河水资源可持续利用是关系到河南省沿黄地区经济社会可持续发展的重要问题。当前，生态文明建设已经上升为国家战略，以水资源可持续利用支撑经济社会可持续发展已经成为人们的共识，最严格水资源管理制度已经成为我国新时期水利工作的重点，变化环境对水循环及水资源系统的影响已经越来越被人们所重视。黄河水资源是河南省沿黄地区未来经济社会发展的重要支撑资源，黄河水资源的高效利用是解决沿黄地区水资源瓶颈，促进区域经济社会可持续发展的关键所在。2019年9月，习近平总书记在郑州主持召开黄河流域生态保护和高质量发展座谈会并发表重要讲话，强调要坚持绿水青山就是金山银山的理念，坚持生态优先、绿色发展，以水而定、量水而行，因地制宜、分类施策，上下游、干支流、左右岸统筹谋划，共同抓好大保护，协同推进大治理，着力加强生态保护治理、保障黄河长治久安、促进全流域高质量发展、改善人民群众生活、保护传承弘扬黄河文化，让黄河成为造福人民的幸福河。

本书通过对2000年以来河南省辖黄河水资源开发利用情势进行剖析，以求全面认识该区域水资源开发利用的现状及存在的实际问题，并对今后的水资源开发利用提出建议，通过提高用水总量控制约束下的水资源优化配置能力和水资源管理水平，主动应对日益严重的水资源短缺问题，为区域供水安全、粮食安全、能源安全提供重要的技术支撑，为促进河南省粮食生产核心区建设和中原经济区可持续发展提供水资源保障。

全书共7章：第1章绪论；第2章河南省辖黄河水资源开发利用概述；第3章灌区水循环转化与多水源可利用量动态调配理论研究；第4章变化环境下灌区水资源动态承载力计算模型构建；第5章变化环境下引黄灌区水资源承载力分析及水安全评价；第6章变化环境下引黄灌区水资源优化配置；第7章变化环境下河南省辖黄河水资源开发利用理念及战略规划建议。全书由张修宇统稿，王辉、杨淇翔、闫倩倩、马超、杜雪芳、陈思、秦天、郭威等参与了部分内容的撰写及文字整理工作。

本书是一本针对当前资源环境问题，从基本理论、模型方法、应用实践等多个方面出发，系统阐述变化环境下引黄灌区水安全保障的著作，部分成果已成功应用于相关研究区。本书的研究工作得到了河南省科技攻关项目（192102110201）、河南省水利科技攻关项目（GG202042）、水利部黄河泥沙重点实验室开放课题基金资助项目（HHNS202005）、河南省高等学校青年骨干教师培养计划（2016GGJS－075）、河南省高等学校重点科研项目（15A570004、20A570004）、华北水利水电大学高层次人才科研启动项目（2015042）以及其他横向课题的资助；华北水利水电大学科技处在本书研究和撰写过程中给予了积极鼓励、大力支持和热忱指导。书中部分内容参考或引用的相关研究成果，均已在参考文献中列出。在此，向相关单位、专家一并表示衷心的感谢！

水安全研究内容涉及范围广，研究工作仍需继续不断深化。由于作者水平有限，书中难免存在欠妥、不足之处，敬请广大读者提出宝贵意见。

**作者**

2020年7月

# 目录

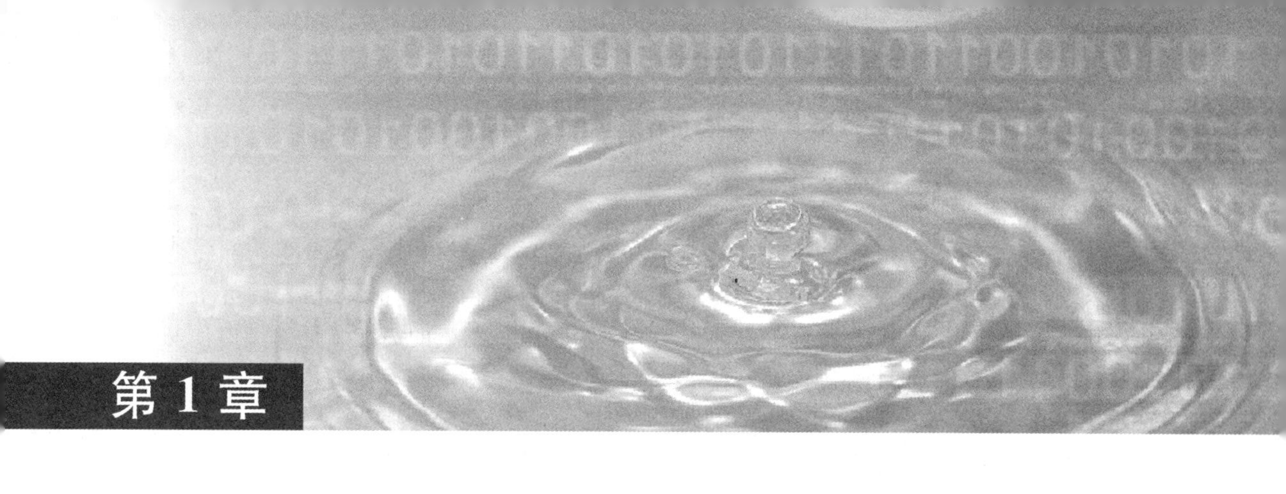

# 第 1 章

# 绪　　论

## 1.1　研究背景

我国水资源十分贫乏，全国多年平均水资源总量为 2.8 万亿 $m^3$，人均水资源量为 $2200m^3$，仅相当于世界人均水资源量的 1/4。预计到 2030 年，我国人口达到 16 亿时，人均水资源量将降至 $1700m^3$ 以下，接近世界公认的缺水警戒线。城市人口的迅速增加、工农业与服务业的快速发展、城市化进程的急剧加快，使得环境污染、生态恶化等问题日益凸显，水污染问题对水资源造成严重破坏，加剧了水资源的紧缺程度，并严重制约着社会经济的可持续发展。因此，科学合理地开发利用水资源，最大限度地发挥水资源的效益，是实现经济社会可持续发展的必由之路。

水资源是社会经济发展不可缺少的物质基础，也是支撑生态环境系统维持正常运转的基础条件。虽然地球表面 70.8%的面积被水覆盖，但其中 97.5%是海水，既不能直接饮用也不能用于灌溉；剩下 2.5%的淡水中，能够被人类利用的却不足 1%。随着全球极端气候突发、频发、并发、重发趋势，再加之人类活动的影响，环境污染加剧，导致自然生态系统，如河流、湖泊的健康状况日趋恶化，水资源形势十分严峻。我国是一个农业大国，农业既是国家稳定的基础，又是社会经济发展的先决条件。在全球气候变暖背景下，我国北方部分地区出现水质恶化、河床干涸、地下水漏斗扩大等生态危机，耕地面积减少、粮食安全面临新的挑战等问题。

黄河是中华民族的母亲河，她哺育了我们伟大民族的成长，创造了灿烂的华夏文明。黄河流经青海、四川、甘肃、宁夏、内蒙古、陕西、山西、河南、山东 9 省（自治区），全长 5464km，流域面积 $75.2km^2$，流域内共有耕地 2.7 亿亩，人口 1.4 亿人。黄河流域属于干旱、半干旱地区，降雨稀少，黄河以占全国河川 2%的径流量，承担着占全国 15%的耕地面积、占全国 12%的人口及 50 多座大中型城市的供水任务。黄河流域经济欠发达，工农业生产基础较薄弱，特别是农业输水灌溉工程配套设施差，灌溉方式陈旧，需水量大，水的利用率低。目前，引黄水量逐年增加，黄河上下游之间、流域内地区之间供水矛盾日渐加剧，工农业生产用水矛盾日益突出，加之生态环境受到破坏，制约了该区域经济社会的进一步发展。

河南省作为我国粮食生产核心区，由于上述问题造成了部分地区农业生产和经济社会发展迟缓。维系良好的生态环境，建设节水高效农业，提高灌溉管理水平，实现水资源的合理开发、高效利用、优化配置、有效保护是避免水危机产生的关键，是确保粮食安全和其他农产品供给正常的水资源保障。

随着经济社会发展水平的提升，人们的生态保护意识有所加强。目前，正在从对水资源的开发利用转变为对水资源的配置、节约、保护。从以需定供转变为以供定需，按照水资源状况确定国民经济发展布局和规划；从灌溉土地转变到灌溉作物，实行节水灌溉方式，达到高效用水；对地表水资源的开发利用应限制在其可再生的承载能力范围内，并尽可能促进其再生产；应保持一定量的生态环境用水，改善和保护生态环境，保护湿地资源；要把水资源与国民经济和社会发展紧密结合起来。总之，对水资源要达到合理开发、高效利用、优化配置、全面节约和有效保护的目标。

近年来，随着人口的增加和工农业生产发展对水资源的要求越来越迫切，河南省辖黄河水资源紧张状态加剧，如何维系水资源可持续利用是关系到河南引黄地区经济社会可持续发展的重要问题。在这样的情况下，水利部黄河水利委员会河南黄河河务局供水局顺势而生，供水局的成立能够很好地解决河南省辖黄河水资源的统一管理和统一调度问题，通过对黄河水资源进行优化配置，有效提高水资源的利用效率。通过树立黄河水资源的可持续利用观，以水资源的可持续利用支撑沿黄地区经济社会的可持续发展。

“八七分水”方案的实施，在过去一段时期为黄河水资源的开发利用提供了重要依据和积极的推动作用；南水北调中线工程通水后，河南省沿黄各城市、各地区的用水结构、用水比例发生了新的变化；黄河调水调沙工程对黄河下游干流引水产生了一定的影响。基于笔者对河南省辖黄河水资源开发利用开展的大量研究和实践工作，秉承生态与可持续发展的理念，为了促进生态环境与社会经济和谐发展，应对河南省辖黄河水资源开发利用进行战略规划，对引黄灌区黄河水资源进行重新配置与调整。

## 1.2　研究目的与意义

水是生命之源，是人类赖以生存和发展不可缺少的宝贵资源，又是自然环境的重要组成部分，是可持续发展的基础条件。然而随着经济社会的快速发展和人口的不断增长，人类正在以空前的速度和规模开发利用极其有限的水资源。多年来，尽管水资源总量变化不大，但气候变化导致其时空分布更趋不均，人类活动的用水强度不断加大，造成了水资源供需紧张、水旱灾害频繁和生态环境日益恶化的局面，水资源问题已经从一些缺水国家和地区发展为全球性问题，引起了世界各国的广泛关注。我国水资源地域分布差异较大，气候变化和人类活动加剧了流域水文过程和水资源时空格局的改变，伴随经济社会高速发展水资源需求大幅增加，区域用水环节的“供、用、耗、排”关系发生显著变化，我国水资源安全问题日益凸显。如何解决水资源供需矛盾，实现水资源的最优开发、有效治理、严格保护和高效利用，使其在促进生态环境与社会经济和谐发展中发挥最大效益，已经变得非常重要和迫切。

“人多水少、水资源时空分布不均是我国的基本国情水情”“水资源供需矛盾突出仍然是我国可持续发展的主要瓶颈”。到2020年，要实现“基本建成水资源合理配置和高效利用体系”“城乡供水保证率显著提高”的发展目标。为缓解我国日益突出的水资源供需矛盾，“2011年中央一号文件”明确提出了实行最严格水资源管理的“三条红线”，将全国2020年6700亿$m^3$的总用水控制指标分解到各省，再逐级层层分解。用水总量控制已经成为我国各区域水资源利用的刚性约束，各区域必须采取更为有效的水资源调配决策机制、更为有效的水资源管理手段和更为适宜的产业发展模式结构，使经济社会发展的水资源需求维持在用水总量控制红线之内。

河南省水资源严重短缺，人均水资源占有量不足440$m^3$，仅占全国人均水平的1/6；特别是沿黄地区人均水资源占有量只有275$m^3$，只占全国人均水平的1/10，属于水资源极度缺乏地区，正常年份缺水量为40亿～50亿$m^3$，干旱年份缺水量更大。根据“八七分水”方案，河南省分配用水指标为55.4亿$m^3$，其中干流用水指标为35.67亿$m^3$，支流用水指标为19.73亿$m^3$。受气候变化和小浪底水库运行的影响，黄河自然来水过程发生了根本性的变化，黄河下游河床普遍下切，出现了用水高峰时段部分引水地区无水可用和用水指标未足额使用的矛盾局面。因此，在用水总量控制目标下，如何高效利用黄河水资源，提高引黄地区水资源安全保障能力，对缓解河南省水资源短缺状况、确保粮食生产安全、促进中原经济区建设具有重要意义。

从国内外研究现状来看，生态文明建设已经上升为国家战略，以水资源可持续利用支撑经济社会的可持续发展已经成为人们的共识，最严格水资源管理制度已经成为我国新时期水利工作的重点，环境变化对水循环及水资源系统的影响已经越来越被人们所重视。黄河水资源是河南省未来经济发展的重要支撑资源，也是河南省沿黄地区重要的水源，对黄河水资源的高效利用是解决沿黄地区水资源的瓶颈、促进河南省经济生态发展的关键所在。本书以河南省典型引黄灌区（以下简称“灌区”）为研究区域，研究用水总量控制约束下的水资源优化配置方案及水资源安全保障关键技术，符合国家重大战略需求，具有重大的实践意义。通过研究工作的开展，可逐步提高用水总量控制约束下的水资源优化配置能力和水资源管理水平，主动应对日益严重的水资源短缺问题，为区域供水安全、粮食安全、能源安全提供重要的技术支撑，为促进中原经济区建设、河南省粮食生产核心区经济稳定发展和社会和谐进步提供科技保障。

## 1.3 研究范围、内容

### 1.3.1 研究范围

黄河自西向东横贯河南省中北部，境内长约700km，是河南省的重要水源之一。沿黄主要城市有三门峡、洛阳、焦作、郑州、开封、新乡、安阳、许昌、商丘、濮阳、周口，流域内耕地面积为180余万$hm^2$。引黄灌区设计灌溉面积为157.47万$hm^2$，有效灌溉面积为85.33万$hm^2$，补源面积为59.53万$hm^2$。本书根据近年来黄河水资源相关资料进行系统分析，从农业用水方面开展变化环境下河南省引黄灌区水安全保障关键技术研究。

### 1.3.2　研究内容

本书在前期开展相关研究成果的基础上，从推进水资源精细化配置以实现水资源高效利用出发，以河南省引黄灌区黄河水资源优化配置和安全保障为典型，以生态和可持续发展为基线，分析黄河河南段水资源时空变化特征，通过典型引黄灌区水平衡测试实验，研究大气水—地表水—土壤水—地下水的运移转换机制，以维护灌区生态环境良性发展为目标，分析引黄水与当地水、地表水与地下水等多种水源之间的互动关系，建立多水源优化配置的动态关系模式，通过提高引黄灌区水资源的利用效率和保证系数，进而提升河南省引黄粮食生产核心区水安全保障能力。

1. 河南省辖黄河水资源开发利用情势分析

在系统调研黄河河南段水资源情势的基础上，分析小浪底水库运用和实施全流域水资源统一调度前后黄河河南段来水时空演变规律与变化特征；以河南省引黄灌区为实例，选取典型引黄灌区梳理黄河水资源利用历史资料，分析典型灌区引黄水资源数量、时间变化分布特性，以及与分配用水指标的关系。

2. 引黄灌区水循环转化关系及动态调配理论研究

选取典型引黄灌区，通过水平衡测试实验分析灌区的水文特征和典型用水过程，研究引黄灌区大气水—地表水—土壤水—地下水的运移转换机制，构建具有物理机制的灌区概念性水文模型，探明气候、土地利用、水资源开发利用等变化环境下的灌区水文循环和水资源演变规律；系统分析灌区节水条件下水循环要素的时空变化规律，以及实施节水技术后灌溉农田的土壤水分、农田蒸发、植物蒸腾及地表径流变化规律，探明灌区引黄水资源利用效率和节水潜力，确保粮食安全下的水资源高效利用。

3. 变化环境下典型引黄灌区水资源动态承载力分析

针对典型引黄灌区，通过分析灌区的水文特征和典型用水过程，探明典型引黄灌区利用黄河水和地表水、地下水等多种水源的数量特征，以及农业、工业、生活、生态等行业用水分布特性、用水量以及对应的用水定额和用水结构的变化规律；识别影响研究区域需水量、用水定额、用水结构相应变化的驱动因素，主要是气候变化、供水变化、人口和经济增长、产业结构调整、节水、水价水市场等；进而开展典型灌区水资源承载力计算，分析变化环境下典型引黄灌区水资源动态承载度。

4. 变化环境下引黄灌区多水源联合调度研究与水资源优化配置

针对典型引黄灌区，通过分析灌区的水文特征和典型用水过程，探讨引黄水与地表水与地下水等多种水源之间的互动关系，研究引黄灌区大气水—地表水—土壤水—地下水的运移转换机制，建立多种水源优化配置的动态关系模式；开展典型引黄灌区地表水—地下水联合调度研究，协调来水、需水、用水总量控制与配水之间的效益关系，优化给出用水总量控制下的区域水资源配置方案集。为引黄水资源高效利用和区域经济社会发展用水需要提供技术支撑，进而实现河南省引黄粮食生产核心区水资源安全保障，以确保粮食安全下的水资源高效利用。

# 第 2 章

# 河南省辖黄河水资源开发利用概述

## 2.1　河南省辖黄河水资源开发利用调查与评价

### 2.1.1　河南省辖黄河水资源量

河南省多年平均水资源总量为 395.97 亿 m³，其中，省辖黄河流域多年平均水资源总量为 55.49 亿 m³，占河南省水资源总量的 14.57%。根据 2000—2015 年的《河南省水资源公报》分析可知，由于降雨时空分布不均，河南省水资源总量以及省辖黄河水资源总量呈波动状态，省辖黄河水资源总量占河南省水资源总量的比例整体趋势有所提高。2000—2015 年河南省及省辖黄河流域水资源总量统计数据见表 2-1、图 2-1。

表 2-1　　2000—2015 年河南省及省辖黄河流域水资源总量统计表

| 年份 | 河南省水资源总量/亿 m³ | 省辖黄河流域水资源总量/亿 m³ | 省辖黄河流域水资源总量占全省水资源总量的比值/% |
|---|---|---|---|
| 2000 | 669.95 | 59.01 | 8.81 |
| 2001 | 281.50 | 31.91 | 11.33 |
| 2002 | 319.99 | 30.18 | 9.43 |
| 2003 | 697.75 | 104.99 | 15.05 |
| 2004 | 406.66 | 65.55 | 16.12 |
| 2005 | 558.57 | 72.39 | 12.96 |
| 2006 | 321.78 | 52.57 | 16.34 |
| 2007 | 465.16 | 48.21 | 10.36 |
| 2008 | 371.25 | 40.48 | 10.90 |
| 2009 | 328.77 | 49.79 | 15.14 |
| 2010 | 534.89 | 73.22 | 13.69 |
| 2011 | 327.94 | 80.05 | 24.41 |
| 2012 | 265.54 | 48.16 | 18.14 |

续表

| 年份 | 河南省水资源总量/亿 m³ | 省辖黄河流域水资源总量/亿 m³ | 省辖黄河流域水资源总量占全省水资源总量的比值/% |
|---|---|---|---|
| 2013 | 215.20 | 38.04 | 17.68 |
| 2014 | 283.37 | 46.81 | 16.52 |
| 2015 | 287.17 | 46.51 | 16.20 |
| 平均 | 395.97 | 55.49 | 14.57 |

**注**　数据来自2000—2015年《河南省水资源公报》。

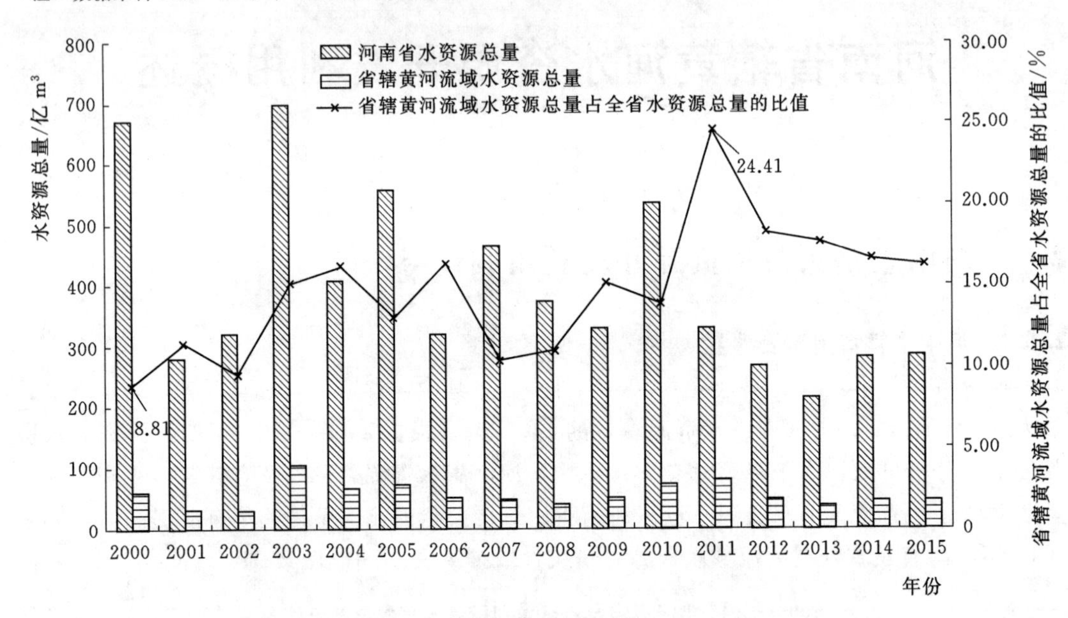


图2-1　2000—2015年河南省及省辖黄河流域水资源量统计图

### 2.1.2　河南省辖黄河流域水资源利用情况

黄河平均每年向河南省供水49.64亿m³，地表水资源量占47.8%，地下水资源量占51.9%，其他水资源量占0.3%。其中，农林渔业用水占供水量的62.1%，工业用水占供水量的24.1%，城乡生活环境综合用水占供水量的13.8%。耗水量是指用水过程中所消耗的、不可回收利用的净用水量，河南省多年平均耗水量为28.64亿m³，2000—2015年河南省辖黄河水资源利用情况统计表，见表2-2。河南省辖黄河供水量情况如图2-2所示。

**表2-2　　2000—2015年河南省辖黄河水资源利用情况统计表**　　单位：亿m³

| 年份 | 供水量 | | | | 用水量 | | | | 耗水量 |
|---|---|---|---|---|---|---|---|---|---|
| | 地表水 | 地下水 | 其他 | 总计 | 农林渔业 | 工业 | 城乡生活环境综合 | 总计 | |
| 2000 | 18.09 | 25.80 | 0.23 | 44.11 | 31.17 | 8.36 | 4.59 | 44.11 | 26.25 |
| 2001 | 20.82 | 28.01 | 0.04 | 48.88 | 36.09 | 7.98 | 4.81 | 48.88 | 29.36 |
| 2002 | 21.94 | 27.77 | 0.04 | 49.75 | 36.71 | 7.99 | 5.05 | 49.75 | 29.69 |
| 2003 | 18.20 | 29.08 | 0.05 | 47.35 | 31.71 | 8.76 | 6.82 | 47.35 | 28.21 |

续表

| 年份 | 供水量 | | | | 用水量 | | | | 耗水量 |
|---|---|---|---|---|---|---|---|---|---|
| | 地表水 | 地下水 | 其他 | 总计 | 农林渔业 | 工业 | 城乡生活环境综合 | 总计 | |
| 2004 | 17.62 | 29.18 | 0.04 | 46.84 | 31.14 | 9.06 | 6.63 | 46.84 | 28.40 |
| 2005 | 18.28 | 29.34 | 0.05 | 47.67 | 30.36 | 10.77 | 6.54 | 47.67 | 29.06 |
| 2006 | 23.51 | 29.74 | 0.04 | 53.29 | 34.91 | 11.76 | 6.62 | 53.29 | 32.79 |
| 2007 | 22.27 | 25.68 | 0.04 | 47.98 | 29.09 | 12.65 | 6.24 | 47.98 | 28.38 |
| 2008 | 24.60 | 24.26 | 0.10 | 48.97 | 28.27 | 13.44 | 7.26 | 48.97 | 27.71 |
| 2009 | 26.40 | 24.10 | 0.17 | 50.67 | 29.60 | 14.28 | 6.79 | 50.67 | 28.59 |
| 2010 | 27.43 | 22.86 | 0.25 | 50.54 | 28.45 | 14.75 | 7.35 | 50.54 | 28.89 |
| 2011 | 28.01 | 21.83 | 0.29 | 50.13 | 27.72 | 15.18 | 7.24 | 50.13 | 27.34 |
| 2012 | 28.60 | 23.28 | 0.27 | 52.15 | 28.93 | 15.77 | 7.45 | 52.15 | 28.31 |
| 2013 | 30.64 | 24.78 | 0.11 | 55.54 | 32.45 | 15.02 | 8.07 | 55.54 | 30.15 |
| 2014 | 26.22 | 22.96 | 0.41 | 49.59 | 27.57 | 13.4 | 8.61 | 49.59 | 27.03 |
| 2015 | 27.04 | 23.20 | 0.51 | 50.75 | 28.84 | 12.27 | 9.64 | 50.75 | 28.01 |
| 平均 | 23.73 | 25.74 | 0.17 | 49.64 | 30.81 | 11.97 | 6.86 | 49.64 | 28.64 |

**注** 数据来自2000—2015年《河南省水资源公报》。

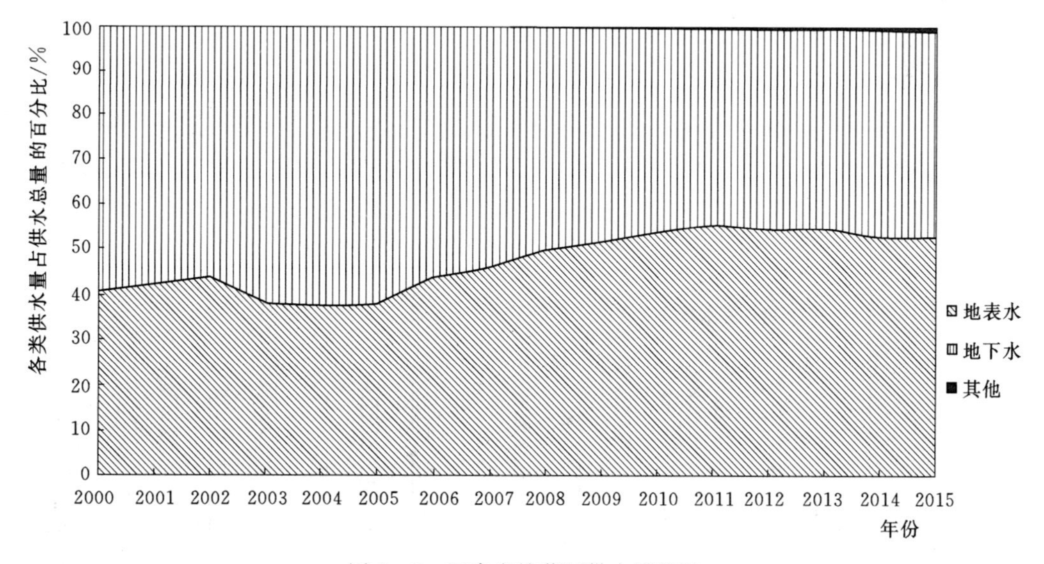


图2-2 河南省辖黄河供水量情况

21世纪以来，河南省辖黄河流域地表供水量所占总供水量的比重正在逐年增加，引黄工程的效益正在显现；近些年颁布的《中华人民共和国水法》《中华人民共和国水污染防治法》和《取水许可和水资源费征收管理条例》，以及《地下水管理条例》和《关于加强地下水超采区水资源管理工作的意见》等相关的法律法规，使得地下水开采得到有效的控制，省辖黄河供给地下水量正逐步减少。

河南省辖黄河供水总量中，农林渔业用水量的占比在平稳地减少，可以看出我国农业节水力度在逐渐加大，灌溉水利用系数逐渐提高；随着河南省逐步加强工业化进程，工业用水量所占比重在 2010—2012 年较大；近几年，随着人们对环境的重视，以及对生态环境保护工作的深入开展，城乡生活环境综合用水量所占比重也在逐渐增大，如图 2-3 所示。

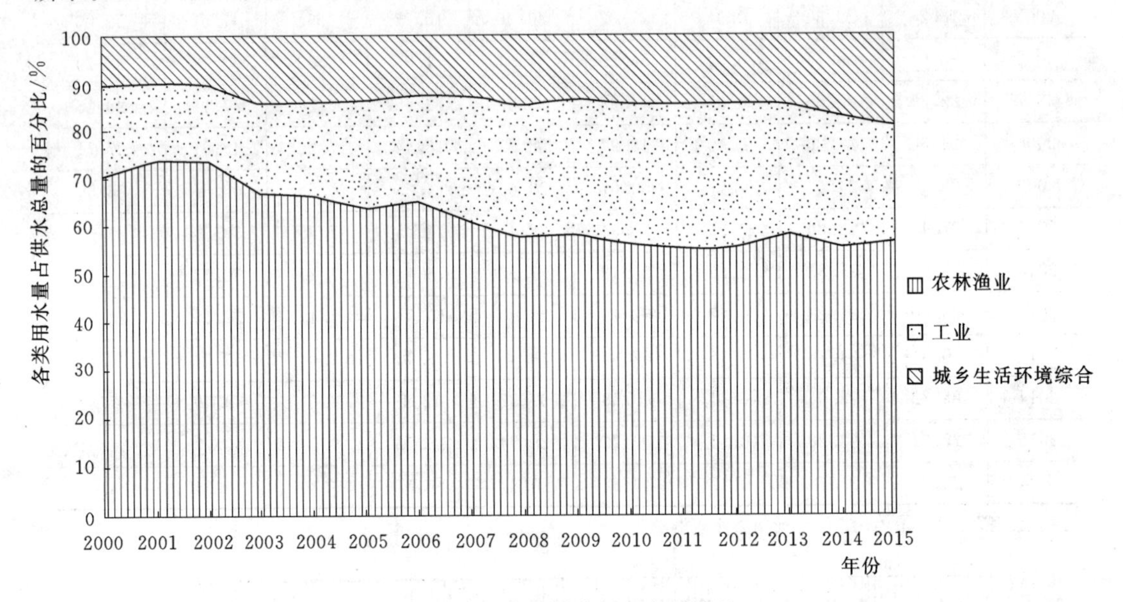


图 2-3　河南省辖黄河用水量情况

河南省辖黄河供水量近年处于稳定波动状态，而耗水率在 2006 年之后下降了 7%，科技进展推动节水技术进步，中水回归利用率逐渐增加，是使得耗水率下降的重要原因，如图 2-4 所示。

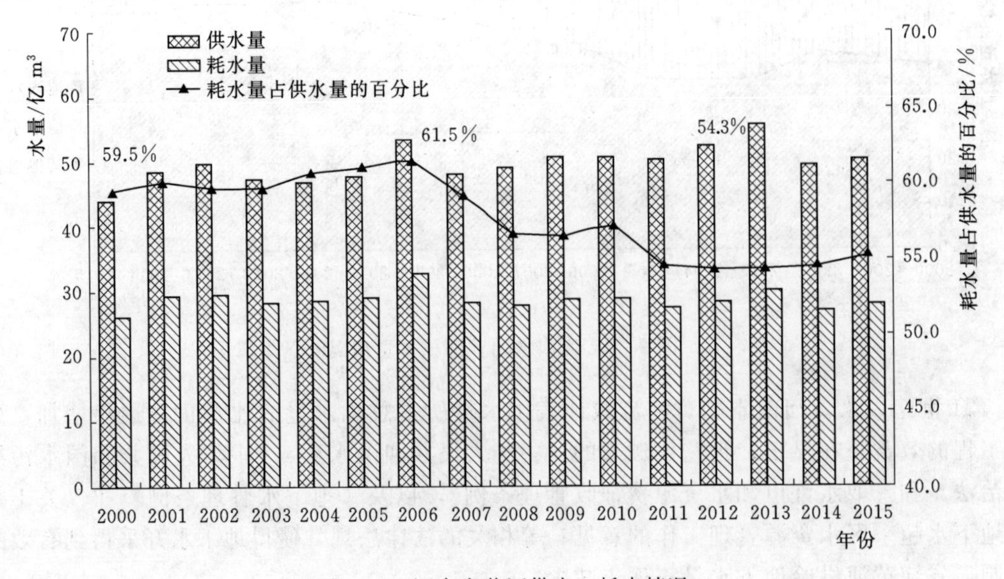


图 2-4　河南省黄河供水、耗水情况

“八七分水”方案指出，南水北调工程生效前，黄河年均可供给河南省总水资源量为55亿$m^3$。由图2-4可知，河南省辖黄河分水指标基本用完，应当考虑如何进行水资源优化配置，提高用水效率，使得引黄水资源得到充分的利用。

### 2.1.3　河南省辖黄河水质情况

《“十二五”水利发展重点专项规划》中强调我国将着力加强水资源合理调配与高效利用能力、水生态环境保护与修复能力、科学治水与依法管水能力。水资源是经济和社会发展的基础性资源，随着工农业发展和人们生活用水量的增大，优水优用、一水多用、水的重复利用是实现水资源良性循环的有效途径。所谓优水，是从水质方面来讲。水质即水的品质，是水体质量的简称，它标志着水体的物理、化学、生物的综合特征及其组成状况。而水质与水资源的功能是紧密地联系在一起的，从水资源功能来看，大体可分为生活、水产养殖、工业、农业灌溉、航运、景观旅游、环境（纳污净化）7类。其中，水资源保护的主要目标是工业废污水基本实现达标排放，主要城市生活供水水源地的水质情况力争达到国家规定标准。2000—2015年河南省及省辖黄河流域水质全年评价成果表见表2-3。

**表2-3　2000—2015年河南省及省辖黄河流域水质全年评价成果表**　%

| 年份 | 优水比例 | | 可用于工业和农业比例 | | 失去供水功能比例 | |
|---|---|---|---|---|---|---|
| | 河南省 | 省辖黄河流域 | 河南省 | 省辖黄河流域 | 河南省 | 省辖黄河流域 |
| 2000 | 27.5 | 29.9 | 18.2 | 42.0 | 54.3 | 28.1 |
| 2001 | 27.1 | 34.1 | 22.1 | 18.2 | 50.8 | 47.7 |
| 2002 | 28.2 | 26.5 | 15.4 | 24.3 | 56.3 | 49.2 |
| 2003 | 32.5 | 43.2 | 4.3 | 0 | 63.2 | 56.8 |
| 2004 | 34.6 | 43.2 | 14.4 | 0 | 51.1 | 56.8 |
| 2005 | 31.1 | 43.2 | 16.7 | 0 | 52.2 | 56.8 |
| 2006 | 35.8 | 43.2 | 13.6 | 4.5 | 50.6 | 52.3 |
| 2007 | 30.9 | 25.0 | 12.9 | 4.5 | 56.2 | 70.5 |
| 2008 | 27.9 | 25.0 | 19.2 | 22.7 | 52.9 | 52.3 |
| 2009 | 31.2 | 25.0 | 24.3 | 40.9 | 44.4 | 34.1 |
| 2010 | 38.0 | 42.6 | 27.0 | 15.7 | 35.0 | 41.7 |
| 2011 | 37.9 | 42.1 | 28.0 | 32.9 | 34.1 | 25.0 |
| 2012 | 39.4 | 48.3 | 25.3 | 19.3 | 35.3 | 32.4 |
| 2013 | 38.8 | 50.0 | 27.0 | 15.5 | 34.2 | 34.5 |
| 2014 | 43.7 | 59.9 | 21.8 | 9.5 | 34.5 | 30.5 |
| 2015 | 44.4 | 71.2 | 21.2 | 3.3 | 34.4 | 25.5 |

注　数据来自2000—2015年《河南省水资源公报》。

自2000年起，河南省水资源质量逐步好转。截至2015年底，河南省水资源总量中有44.4%的水资源质量状况达到优水标准，可以用于生活用水。省辖黄河流域水资源质量也大体趋于好转，截至2015年底，优水百分比达到71.2%，如图2-5所示。与此同时，河南省失去供水功能的水资源量正在逐步减少，省辖黄河流域失去供水功能的水资源量先增加后减少，2015年底降至25%。河南省政府高度重视节能减排政策的实施，特别是地方水污染防治力度进一步加大，这是河南省以及省辖黄河水质好转的根本原因。

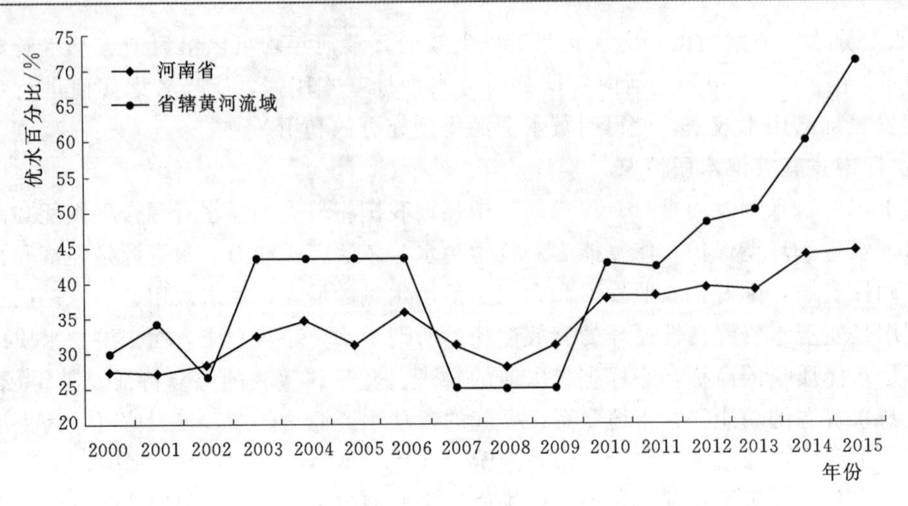


图 2-5　2000—2015 年河南省及省辖黄河流域优水百分比变化趋势

### 2.1.4　河南省辖黄河流域水资源利用程度

由表 2-4 和图 2-6 可以看出，河南省辖黄河流域水资源总量利用消耗率趋于缓慢平稳地增长。其中，平原区浅层地下水开采率比较高，2009 年更是达到了 83.6%，地下水严重超采。相比之下地表水控制利用率均小于 30%，到 2012 年为 28.4%。

据统计，2003 年河南省辖黄河水资源中劣Ⅴ类水的比例大于往年，使得工业和农业的可供水资源量减少，是该年水资源利用率最低的原因之一。随着经济的发展、科技的进步与引黄工程的实施，近几年的河南省辖黄河流域水资源利用率明显提高。国际上一般认为，对一条河流的开发利用不能超过其水资源量的 40%，地下水开采应该严格控制，而地表水控制利用率还有提高的空间。

**表 2-4　2000—2012 年河南省及省辖黄河流域水资源利用程度表**　%

| 年份 | 地表水控制利用率 | | 水资源总量利用消耗率 | | 平原区浅层地下水开采率 | |
|---|---|---|---|---|---|---|
| | 省辖黄河流域 | 河南省 | 省辖黄河流域 | 河南省 | 省辖黄河流域 | 河南省 |
| 2000 | 20.3 | 16.3 | 33.5 | 15.3 | 52.0 | 38.4 |
| 2001 | 33.1 | 38.0 | 69.0 | 55.5 | 63.0 | 59.1 |
| 2002 | 57.5 | 27.4 | 72.5 | 35.0 | 62.3 | 64.5 |
| 2003 | 14.9 | 11.7 | 20.1 | 13.5 | 53.6 | 39.4 |
| 2004 | 14.6 | 17.3 | 34.6 | 25.4 | 87.2 | 63.8 |
| 2005 | 23.8 | 12.7 | 34.5 | 18.6 | 86.4 | 70.3 |
| 2006 | 41.8 | 26.0 | 53.6 | 37.5 | 73.6 | 62.2 |
| 2007 | 46.1 | 15.8 | 52.3 | 22.9 | 87.5 | 69.3 |
| 2008 | 71.5 | 22.1 | 50.1 | 26.6 | 70.9 | 73.8 |
| 2009 | 74.4 | 27.7 | 45.6 | 30.8 | 85.3 | 83.6 |
| 2010 | 42.9 | 16.5 | 35.2 | 19.8 | 70.0 | 76.1 |
| 2011 | 32.1 | 30.0 | 27.2 | 33.6 | 64.3 | 71.7 |
| 2012 | 50.2 | 28.4 | 49.4 | 41.6 | 69.3 | 72.9 |

**注**　数据来自 2000—2012 年《河南省水资源公报》。

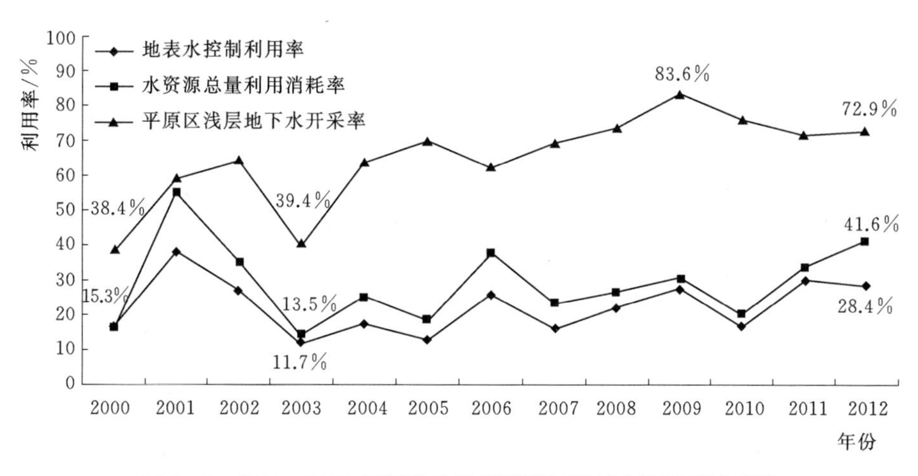


图 2-6　2000—2012 年河南省及省辖黄河流域水资源利用程度

## 2.2　河南省辖黄河流域水资源开发利用情势分析

### 2.2.1　黄河泥沙问题概述

1. 黄河泥沙特点和现状

长期以来，黄河以“水少沙多”“水沙异源，水沙年际分布不平衡，善淤、善决、善徙”等特点著称。黄河下游河道淤积的主要原因，在于“水少沙多，水沙不平衡”。黄河花园口断面多年平均径流量为 559 亿 $m^3$，含沙量为 35kg/$m^3$，年输沙量为 16 亿 t。黄河的径流量仅为长江的 1/17，而含沙量却是长江的 3 倍。印度、孟加拉国的恒河，年输沙量为 14.5 亿 t，与黄河相近，但其径流量约为 3710 亿 $m^3$，含沙量只有 3.9kg/$m^3$。美国的科罗拉多河的含沙量为 27.5kg/$m^3$，略低于黄河，但年输沙量仅有 1.35 亿 t。年输沙量、含沙量，黄河均在世界江河中居首位。

黄河流经不同的自然地理单元，各自然地理单元的地形、地质、降雨、产沙等存在着较大的差异，因此，水、沙来源不同，通常将其概括为“水沙异源”。如黄河上游地区的流域面积为 36 万 $km^2$，占全流域面积的 45%，来水量占全河水量的比例为 53%，是全河的主要产水区，而来沙量仅为全河泥沙总量的 9%，多年平均含沙量只有 5.7kg/$m^3$；黄河中游的河口镇至龙门区间，流域面积仅为 13 万 $km^2$，占全河流域面积的 16%，来水量占全河水量的 15%，而来沙量却占全河泥沙总量的 56%，多年平均含沙量高达 128kg/$m^3$，为全河最高的地区，是全河的主要产沙区；龙门至潼关区间，流域面积为 19 万 $km^2$，来水量占全河水量的 22%，来沙量占全河泥沙总量的 34%，多年平均含沙量仅次于河口镇至龙门区间，为 53.8kg/$m^3$；三门峡以下的伊洛河和沁河，来水量占全河水量的 11%，来沙量仅占全河泥沙总量的 2%，多年平均含沙量为 6.4kg/$m^3$，是仅次于上游的第二相对清水来源区。

此外，黄河水、沙年内年际的时间分配也呈明显的不平衡性。汛期（7—10 月）水量占全年水量的 60%，随着人类活动影响的加大，汛期水量所占比例呈下降趋势。如龙羊峡水库自1986年10月投入运行以来，汛期水量仅占全年水量的47%。来沙在时间分配上的不平衡性表现得更为突出，据统计，在一年之中，85%以上的泥沙来自汛期，并且常常集中于几场暴雨洪水。

2. *黄河下游河道冲淤规律*

黄河下游河道有些年份冲刷，有些年份淤积，但在长时间内总体上呈淤积状态。究其原因，黄河下游河道的冲淤变化与来水来沙条件密切相关。

凡是水多沙少的年份，黄河下游河道淤积不大或发生冲刷。如1961年，水量为554亿$m^3$，来沙量仅有1.9亿t，平均含沙量为3.4kg/$m^3$，下游河道冲刷8.1亿t。相反，凡是水少沙多的年份，黄河下游河道则发生严重淤积。如1977年，来水量仅为301亿$m^3$，而来沙量却高达20.7亿t，平均含沙量为68.8kg/$m^3$，下游河道淤积9.6亿t。

由于降雨区的地域分布不同。自然情况下进入黄河下游河道的水沙可以有不同的组合。例如，以河口镇以上来水为主或以三门峡以下伊洛河、沁河来水为主，或以两者组合来水为主的年份，下游河道很少淤积，甚至主河槽还发生冲刷；若以河口镇至龙门区间来水为主，或以龙门至潼关区间来水为主，或以两者的组合来水为主的年份，下游河道要发生较为严重甚至极为严重的淤积。

### 2.2.2　调水调沙

时任水利部黄河水利委员会主任李国英同志提出，衡量黄河健康生命的主要标志是"四个不"——堤防不决口、河道不断流、污染不超标、河床不抬高。

（1）堤防不决口是要求黄河的防洪安全要有足够的保障，这个保障应建立在：①靠水库和堤防等控制性工程对洪水的约束；②靠河流自身排泄洪水的功能，即河床不因人类活动影响发生萎缩，具有容纳和安全排泄现有设防标准以下量级洪水的能力。

（2）河道不断流不是指在黄河里简单地维持过流就行，而是要在水资源管理上做到三个保障：①保障沿黄居民饮水安全；②保障河流生态用水的需要；③保障一定经济社会持续发展的水资源供给能力。基于此，黄河应该有一个任何时候都必须确保的基本流量，这一流量既能保证沿黄城乡居民的饮水安全，又能保持河道冲淤平衡，还能维持流域内的生态系统平衡。

（3）污染不超标是指黄河的水质必须持续满足生活用水和工农业生产用水的基本功能要求。以此标准来反推，对全河污染物排放总量和省（区）污染排放量必须确定严格的控制标准，并有切实的落实措施。

（4）河床不抬高就是要通过综合措施解决泥沙问题，在上中游拦减入黄泥沙，在中下游通过人工调控水沙关系，实现河床不淤积，最大限度地保持和延长现行河道的生命力。

只有达到"四个不"的要求，黄河才算是一条恢复健康生命的河流。为此，自2002年开始实施相应的解决措施，即增水、减沙与调水调沙，以塑造与黄河相适应的协调的水沙关系。

黄河调水调沙的指导思想是通过水库联合调度，把不同来源区、不同量级、不同泥沙颗粒级配的不平衡水沙关系塑造成协调的水沙关系过程。这有利于小浪底水库和下游河道减淤萎至全线冲刷，开展全程原型观测和分析研究，检验调水调沙调控指标的合理性，进一步优化水库调控指标，探索调水调沙生产运用模式，为黄河下游防洪减淤和小浪底水库运行方式提供重要参数和依据。

总体目标：①检验、探索小浪底水库拦沙初期阶段运用方式、调水调沙调控指标；②实现下游河道主槽全线冲刷，尽快恢复下游河道主槽的过流能力；③探索调整小浪底库区淤积形态、下游河道局部河段河槽形态；④探索黄河干支流水库群水沙联合调度的运行方式并优化调控指标，长期开展以防洪减淤为中心的调水调沙工作；⑤探索黄河水库、河道的水沙运动规律。

### 2.2.3 调水调沙实施后的水资源开发利用情势分析

通过18次调水调沙试验，黄河下游河床的再造以及主河槽冲沙入海的效果明显，在巩固黄河流域河床健康、完善“二级悬河”治理、保证黄河流域沿线居民生活以及生产等方面成效显著。有研究表明：由于冲刷致使下游河道主槽最小过流能力逐年加大，下游河道流量由调水调沙前的1800$m^3/s$提高到4000$m^3/s$，对沿黄及滩区群众生产生活和社会稳定发挥了重大作用。其中，小浪底水库在蓄水拦沙初期运作的前5年，使黄河下游河道实现全面冲刷，冲刷泥沙6.515亿t；运作10年间，累计冲刷泥沙17.6亿t。据统计，在汛期黄河下游河道总冲刷量为12.16亿t时，小浪底水库对下游河道的减淤量为22.67亿t，黄河下游河道主河槽平均下降1.85m，对下游河床的再造起到了至关重要的作用。

但自2002年实施调水调沙以来，黄河同时出现了同流量水位下降、供水保证率降低、引水口淤积、河道变形等问题。

1. 同流量水位下降

在黄河上进行的调水调沙试验使下游主河槽过流能力得到了一定的恢复，加大了过流能力，同时也使同流量水位降低，造成引黄灌区由于水位降低，不能正常引水。根据河南省中牟县引黄灌区的运行观测：2000年以前当黄河径流量为400$m^3/s$左右时，三刘寨闸引水流量尚能达到设计值；现在受调水调沙影响，当黄河径流量为400$m^3/s$左右时，三刘寨闸引水流量仅有3$m^3/s$左右，在不采取工程措施的情况下，引水流量不及设计值的1/4，对日常引水灌溉影响很大。可见，在实施调水调沙后，引水口处出现同流量水位下降现象。

2. 供水保证率降低

黄河调水调沙以来，由于同流量水位下降，导致黄河供水保证率降低。例如，大功灌区红旗闸引水能力远不及设计能力，而灌区现状可引水量远大于实际引水量，灌区取水有富余，即灌区没有充分利用黄河水资源，造成这种状况的原因除了黄河可引过程与农业需水过程不匹配、缺少引黄调蓄工程外，黄河调水调沙以来主槽引水口引水能力下降即供水保证率降低也是原因之一。

3. 引水口淤积

在调水调沙期间，由于黄河水含沙量大，极易造成引水口淤积。河南省中牟杨桥引黄灌区渠首闸闸前引渠长2700余m，由于没有建防沙闸，引渠为土渠且弯道多，形成严重淤积，每次清淤量在10万$m^3$以上。

4. 河道变形

在调水调沙期间，小浪底水库异重流出库后在下游河道演进过程中，由于床沙与悬沙交换、河槽边壁组成结构被悬沙挂浆、悬移质泥沙对水流紊动结构的影响、流量不断增大使河道糙率减小而改变河床。同时，由于流量增加，水位上涨，极可能会发生漫滩现象，也有可能冲垮引水口或者冲入支流，从而改变了原有河道。

2014年南水北调中线通水后，河南省受水区水资源配置格局发生了重大变化，生活用水向生态环境用水、生产用水（工业、农业）转移，黄河水资源开发利用方式发生变化。南水北调中线暂时缓解了河南部分地区缺水问题，但从根本上改变河南省缺水现状，河南省辖黄河流域水资源开发利用任重而道远。

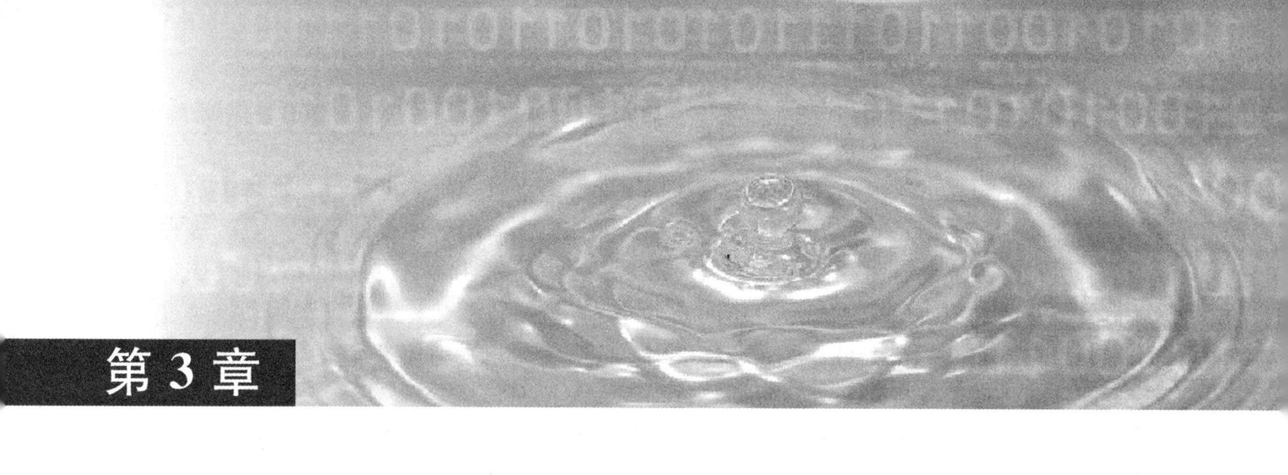


# 灌区水循环转化与多水源可利用量动态调配理论研究

## 3.1 灌区水循环转化理论

灌区水循环转化理论是在“四水”转化研究的基础上建立的。“四水”转化是指大气水、地表水、土壤水和地下水之间相互作用、相互联系、相互制约和相互转化的关系。“四水”转化是以水文学径流形成理论为基础，根据水平衡原理和水循环机制，结合水文水资源的实验研究，探求降水、蒸发、径流过程下的大气水、地表水、土壤水和地下水之间的转化关系，为合理开发利用水资源提供理论依据。

地面上的水在太阳辐射下，蒸发形成水汽，水汽上升至高空，随大气运动散布到各处，在适当的条件下凝结成水降落到地面，到达地面的雨水部分在植物截留作用下最终蒸发返回大气，其余一部分沿地面流动形成地表径流转化为地表水，地表水蒸发转化为大气水，一部分渗入地下形成土壤水和地下水，土壤水通过植物蒸腾作用返回大气，地下水地下径流转化为地表水，然后又重新蒸发，继续凝结成降水，如此循环往复，形成天然水循环系统。

天然状态下的水循环系统可分为垂向过程和水平过程。

（1）垂向过程。

1）冠层截留。降雨初期，部分雨水会被作物的枝叶、茎叶截留而不会落在地面，截留的降水通过蒸发返回大气。

2）土壤入渗。入渗的水分可分为三部分：①继续入渗转化为地下水；②通过植物腾发作用返回大气；③形成壤中流。

3）地下水补给。地下水有两个去向：①通过潜水蒸发返回到大气；②通过河川径流形成地表水。

（2）水平过程。该过程主要是降雨产生的地表径流。

在农田灌溉过程中，人类活动的干扰主要表现在农田耕作、引水渠道和排水渠道的开挖，以及用于开采地下水的打井活动。从农田水分循环的转化角度来说，为了使土壤保持适宜的含水量，当土壤水分不足时就要进行灌溉，将地表水或地下水转化为土壤水，以弥补降水量与作物需水量之间的差额；而排水则是排出土壤中过剩的水分，使地下水、土壤水转化为地表水。正是这种人工灌溉和排水方式，改变了灌区原有的天然产汇流过程。水从河道引出以各级渠道为载体分布于农田田面上，由原来在河道中的汇流过程变成了分散过程；打井抽水则改变了地下水的径流分布过程，使得自然状态下的地下水径流通过集中抽水分布在田面上。在田间的水循环过程中，灌溉活动只是增加了水循环中的蒸发和入渗量，而田间的产汇流机制与天然水循环过程没太大差别。

随着人类活动的增强，原有的一元区域天然水循环系统的各转化过程受到极大影响，致使现代环境下呈现出明显的“自然—人工”二元水循环特性，这里的二元水循环特性表现在三个方面：①循环驱动力的二元化，即流域水循环的内在动力已由过去的一元自然驱动演变为现在的“自然—人工”二元驱动；②循环结构的二元化，即人类活动聚集区的水循环过程往往由自然循环和人工侧支循环耦合而成，两大循环之间保持动力关系，通量之间此消彼长；③水资源服务功能的二元化，即水分在其循环转化过程中，同时支撑了同等重要的经济社会系统和生态环境系统。“自然—人工”二元水循环与水资源转化相互作用关系图如图 3-1 所示。

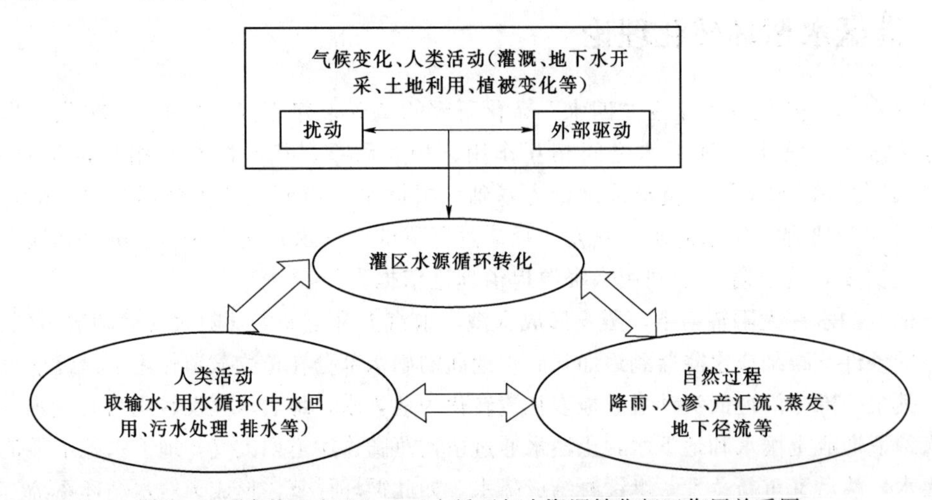


图 3-1　“自然—人工”二元水循环与水资源转化相互作用关系图

灌区系统影响下的水循环转化过程可以表述为：灌溉水源通过灌区渠首工程进入各级输水渠道，在输水过程中，一部分水资源通过渠道渗漏转化为地下水；一部分通过蒸发转化为大气水；其余部分通过干渠、支渠等进入田间，在灌溉方式的影响下，直接进入排水沟补给地表水。转化为地下水的部分灌溉水源使得地下水位抬高，参与地下水运动；进入田间的灌溉水一部分以地面径流的形式经排水沟流出田间，一部分从地表下渗至土壤。从地表下渗至土壤的这部分水，一是存储在土壤层供作物吸收利用；二是产生深层渗漏进入地下水。在灌溉间隔期，由于作物蒸腾作用，土壤层含水量逐渐减少，使得浅层地下水通过毛细管力补充土壤水，以满足作物蒸腾消耗。由于渠道渗漏、灌溉入渗和降水等不断补给农区地下水，使得农区地下水位不断升高，与非农区地下水位产生水位差，农区地下水向非农区侧向补给，以维持非农区生态需水。同时，人为抽取地下水用以灌溉和生活用水，又会降低地下水位。

## 3.2 灌区需水预测方法研究

### 3.2.1 预测方法

大型灌区除农业灌溉用水外，还涉及工业、生活、生态环境等用水，通过收集并分析历史数据资料，掌握工业、农业、社会、生态环境各大用水户的用水规律，运用一定的技术方法来科学合理地预测未来各用水户的需水量情况，是灌区水源调配的主要基础工作，直接影响优化配置的决策方案。

需水预测方法主要有时间序列预测法、结构分析法、系统分析法、指标分析法。

1. 时间序列预测法

时间序列预测法主要是收集并整理用水资料数据，按照时间序列编制图表，分析各种较为突出的影响因素，如经济发展状况、生态环境等。分析时间序列每一个阶段的数据，通过延伸，求出反映发展趋势及发展方向的数学模型，来预测未来用户用水量可达到的程度。时间序列预测法主要包括趋势预测法、指数平滑法、加权序时平均数法等。

2. 结构分析法

回归分析法是较为常用的结构分析法。该方法首先要确定自变量、因变量，如预测未来用水量为目标；用水量为因变量；影响因变量变化的因素为自变量，如社会经济因素、生态环境因素、时间因素等。通过总结影响因素和用水量的历史数据，寻找自变量与因变量之间的相关关系，分析处理，建立回归分析预测模型，通过该模型预测未来用水量情况。但是由于影响因素的复杂性，短期用水量的不规律性，该方法不适用于短期预测。

3. 系统分析法

当前常用的有人工神经网络法和灰色预测法。

(1) 人工神经网络法 (Artificial Neural Network)。1943 年，W. S. McCulloch 和 W. Pitts 建立了神经网络和数学模型，称为 MP 模型。该模型以计算机网络系统模拟生物神经网络的智能计算系统，是对人脑和自然神经网络的若干基本信息进行模拟的数学模型，能够反映人脑的基本能力，如信息处理，学习，记忆等。不同于其他方法的是，人工神经网络法是以过去的经验，通过神经元的模拟、记忆、联想处理各种模糊的非线性的数据，采用自适应的模式识别方法进行预测分析的，适用于短期预测。常用的人工神经网络模型有 BP 神经网络模型。

BP 神经网络是最近较为广泛使用的一种神经网络方法，由输入层 (Input Layer)、隐含层 (Hidden Layer)、输出层 (Output Layer) 组成，采用的是梯度下降法的学习规则，通过正反向的传播过程来不断调整网络的权值，使网络的误差平方和最小。但是这种传统方法的缺点是训练速度慢，容易形成局部最优，难以确定隐藏。

(2) 灰色预测法。一个系统的一部分信息已知，一部分信息未知，系统内各因素间又不确定的关系，则称之为灰色系统。灰色系统具有复杂性及不确定性，但是系统内部因素之间是有关联性的，通过找出这种关联性，对这个灰色系统过程进行的预测则为灰色预测。灰色预测通过进行系统因素的关联分析，将原始数据通过累加或者累减生成数据，得到能够较好地体现系统变动规律的数据序列，建立相应的模型，预测事物未来发展的趋势，制订合理有效的决策方案。灰色预测可以分为四类：数列预测、灾变预测、系统预测和拓扑预测。

4. 指标分析法

指标分析法也可称为用水定额法，是指根据历史资料、用水现状以及主要影响因素变化趋势，确定能够反映各用水户用水现象和过程的统计数列（即用水定额），对长期的用水发展规律进行分析和预测的方法。各用水户通常划分为生活、农业、生态环境、工业四个用水户。然后对用水户进行用水定额预测，预测各用水户的需水量，各用水户需水量之和为该区域的总需水量。

### 3.2.2 农田灌溉需水量

农田灌溉需水量主要取决于灌区的有效灌溉面积与农作物单位灌溉面积的需水量两个因素。农作物单位灌溉面积需水量主要是由作物品种、相应的灌溉制度、所采用的灌溉方法和灌水技术、节水工程及输配水技术、田间土地平整度等因素决定的。

灌溉制度是指在一定的自然气候和农业栽培技术条件下，使农作物稳定和高产而对农田进行适时适量灌水的一种制度。它包括灌水定额、灌水时间、灌水次数、灌溉定额等。在单位面积上各次灌水定额的总和即灌溉定额，其是灌溉工程规划设计的基础，是已建成灌区编制和执行用水计划，合理用水的重要依据，关系到灌区内作物产量（效益）和品质的提高，以及灌区水土资源的充分利用和灌溉工程设施效益的发挥。灌溉制度包括充分供水条件下的充分灌溉制度和非充分灌溉条件下的灌溉制度两种情况。

1. 充分灌溉制度

充分灌溉是指通过灌溉措施，使作物在各个生育阶段均处于最优水分状态，作物产量最高。充分灌溉条件下的灌溉制度，是以灌溉供水能够充分满足作物各生育阶段的需水量要求而设计制定的灌溉制度。在灌区规划、设计和管理中，常采用群众丰产灌水经验、灌溉试验资料、作物的生理生态指标及水量平衡原理分析制定灌溉制度。当水源充足时，可按这种灌溉制度对作物进行灌水。

2. 非充分灌溉制度

非充分灌溉是相对充分灌溉而言的。传统充分灌溉的目标主要是通过给作物提供足够的水分从而获得最高的亩产量。如今，随着水资源的紧缺和灌溉费用的增加，农业灌溉方面需要追求新的目标，即不仅仅追求较高的亩产量，而且要获得最优的经济效益。当水量有限且不足时，便产生了一定的灌溉水量对不同作物或在作物不同生育阶段如何分配以求获取经济效益最大化的问题。

非充分灌溉就是针对水资源的紧缺与用水效率低而提出的一种新型的灌溉策略。实施非充分灌溉，不仅可以节约水量以增加灌溉面积，而且灌水费用也会相应降低。节省的灌溉费用可以部分或全部抵消水分亏缺引起的减产损失，最终可以使净效益得以提高。广义上，非充分灌溉可以理解为：当灌水量不能完全满足作物生长发育全过程需水时，将有限（非足额）的水科学、合理地分配在对产量影响较大，而且能产生较高经济价值的水分临界期，在非水分临界期少供水或不供水。

非充分灌溉的核心问题，对于某一作物而言，是如何把有限水量在作物生育各阶段进行合理分配。对于区域内相同时段生长的不同作物，还包括优先向对亏水最敏感的作物，以牺牲局部的代价，获得总产量最高或纯效益最佳。

所谓非充分灌溉制度，是在有限灌水量条件下，以获取最佳的产量（或效益）为目标，对作物灌水时间、灌水定额进行最优分配的优化灌溉制度。对于某一种作物，灌水总量及灌水量在不同生育阶段分配，都会影响作物产量。对于灌区而言，有限灌溉水资源在不同作物间的分配以及不同作物生育期内的水量分配，也会影响灌区作物总产量和灌溉收益。目标函数不同，非充分灌溉制度也有所不同。因此，非充分灌溉制度的制定，必须以水分生产函数为基础，根据水量投入与收益之间的关系，通过优化制定。

非充分灌溉的主要研究内容如下：

（1）作物在不同受旱条件下的需水规律。研究作物在不同受旱条件下的需水规律是研究非充分灌溉最基本的理论依据，并为确定节水灌溉控制指标及选择灌水技术提供依据。

（2）作物水分生产函数。作物水分生产函数是指农业生产水平基本一致的条件下，作物所消耗的水资源量与作物产量之间的关系。作物水分生产函数是制定灌溉定额和灌溉制度的理论依据。作物各生育阶段的需水量不同、对水分缺失的敏感程度也不同。研究作物需水关键期，即研究作物对水分的敏感性和敏感程度，从而找出作物的敏感期及敏感顺序，把有限的水灌到作物需水的最关键时期，尽可能也使得产量最大。非充分灌溉作物—水模型是建立相对产量与相对腾发量之间的关系。

不同地区要根据具体情况采用不同的作物—水模型，如干旱地区可采用 Jensen 模型，半干旱地区可采用 Stewart 模型，由于 Jensen 模型考虑作物对水分的敏感性因此采用较多。目前对作物—水模型的研究，主要是对模型中敏感指标的研究。由于其影响因素较多，稳定性差，不少研究人员从不同的角度对敏感指标进行了研究。

（3）优化灌溉制度。根据作物需水关键期，优化灌溉定额、制定灌溉制度，为灌区非充分灌溉提供科学依据。将有限的水资源分配至作物需水关键期，使取得相对最大产量，采用优化理论对有限水资源进行最优分配是研究的重点。由于作物各生育阶段对水分的需要量及缺水敏感性都不一样，所以非充分灌溉制度的制定是一个多阶段的过程，不同于传统的充分灌溉制度。为提高灌溉水的利用率、产出率，将非充分灌溉与系统分析结合起来，建立在实现全生产期产出最大化的基础上，才能制定出农作物的最优灌溉制度。

根据不同作物的灌溉制度、灌溉定额及其灌溉面积可计算得到农田灌溉需水量，计算式为

$$W_{净}=\sum_{i=1}^{n}U_i\times A_i \tag{3-1}$$

$$W_{毛}=\frac{W_{净}}{\eta} \tag{3-2}$$

式中　$W_{净}$——农田灌溉净需水量，万 $m^3$；

$W_{毛}$——农田灌溉毛需水量，万 $m^3$；

$U_i$——$i$ 作物的灌溉定额，$m^3/hm^2$；

$A_i$——$i$ 作物的种植面积，$hm^2$；

$\eta$——灌溉水利用系数。

### 3.2.3　生活需水量

1. 社会经济指标预测

采用趋势预测法，对规划水平年的人口增长进行预测。人口增长率预测模型是综合了影响人口增长的自然因素及社会经济因素指标而进行的一种人口预测方法，计算式为

$$P_t = P_0(1+k)^t + \Delta P \tag{3-3}$$

式中　$P_t$——规划期总人口，人；

$P_0$——规划基期总人口，人；

$\Delta P$——规划期间人口机械增长数，人；

$t$——规划年期；

$k$——规划期间人口自然增长率。

人口自然增长率的计算式为

$$k = b - d \tag{3-4}$$

式中　$b$——出生率；

$d$——死亡率。

预测人口增长精度取决于基准年人口总数和逐年人口综合增长率的确定。当规划水平年的人口总数确定后，各类人口可按基准年该类人口所占比例（或比例变化趋势）进行分配，即

$$P_{t,i} = P_t \beta_i^p \tag{3-5}$$

式中　$P_{t,i}$——规划水平年第 $i$ 类预测人口数；

$\beta_i^p$——第 $i$ 类所占人口比例。

本书研究区域人口类别为城镇人口及农村人口。

2. 城镇生活和农村人口生活需水

根据《全国水资源综合规划技术大纲》的要求，农村生活需水量单指农村居民生活需水量，其预测采用农业人口人均日用水定额指标进行预测；城镇生活需水量采用城镇人口人均用水定额指标进行预测。农村居民生活可不分净需水量和毛需水量，直接采用用水定额计算其需水量。生活用水指标与当地自然条件、生活习惯、生活水平及水资源条件等因素有关。按现状用水水平并考虑生活水平的提高和用水条件的改善，拟定不同规划水平年的城镇生活用水定额、农村生活用水定额，计算式为

$$Q_t = \sum_{i=1}^{m} Q_{t,i} = \frac{\sum_{i=1}^{m} 365 P_{t,i} A_{t,i}}{10^7 \eta_i^t} \tag{3-6}$$

式中　$Q_t$——$t$ 规划水平年生活总需水量，$m^3$；

$m$——生活用水户总数；

$Q_{t,i}$——$t$ 规划水平年第 $i$ 用户的生活需水量，$m^3$；

$P_{t,i}$——$t$ 规划水平年第 $i$ 用户的用水人口，万人；

$A_{t,i}$——$t$ 规划水平年第 $i$ 用户的用水定额，L/(人·日)；

$\eta_i^t$——$t$ 规划水平年第 $i$ 用户的生活供水系统水利用系数。

3. 农村牲畜用水量预测

农村牲畜用水量预测根据预测未来牲畜的数目及用水定额进行。

### 3.2.4 工业需水量

工业需水量预测即对规划水平年的工业用水量进行预测，计算式为

$$S^t = \sum_{i=1}^{m} S_i^t = \frac{\sum_{i=1}^{m} (A_i^t R_i^t)}{\eta^t} \tag{3-7}$$

式中 $S^t$——$t$ 规划水平年工业总需水量，$m^3$；

$m$——$t$ 规划水平年第 $i$ 工业部门总数；

$S_i^t$——$t$ 规划水平年第 $i$ 工业部门的需水量，$m^3$；

$A_i^t$——$t$ 规划水平年第 $i$ 工业部门的用水定额（万元产值用水量、单位产品用水量等）；

$R_i^t$——$t$ 规划水平年第 $i$ 工业部门的工业发展指标（如年产值、装机容量等）；

$\eta^t$——$t$ 规划水平年工业供水系统水利用系数。

### 3.2.5 生态环境需水量

河流或河道内的水沙冲淤平衡与不平衡问题，是一个与流域土地资源使用、水资源开发利用、生态植被保护建设、水土流失治理，以及河流、河道整治与开发等诸多人工要素相关的变数，其中每一要素的变化或改变，都会带来新的河流系统的水沙平衡或者不平衡。

生态环境需水量主要包括“保护和恢复河流下游的天然植被及生态环境；水土保持及水保范围之外的林草植被建设；维持河流水沙平衡及湿地、水域等生态环境的基流；回补黄淮海平原及其他地方的超采地下水”等方面的需水量。本书研究的生态环境需水量主要概括为城镇绿地生态需水量、农村生态环境需水量以及地下水回补量。

1. 城镇生态环境需水量

城镇生态环境需水量指为保持城镇良好的生态环境所需要的水量，主要包括城镇绿地生态需水量、城镇河湖补水量和城镇环境卫生需水量。

（1）城镇绿地生态需水量。采用定额法进行城镇绿地生态需水量计算，计算式为

$$W_G = S_G q_G \tag{3-8}$$

式中 $W_G$——绿地生态需水量，$m^3$；

$S_G$——绿地面积，$hm^2$；

$q_G$——绿地灌溉定额，$m^3/hm^2$。

（2）城镇河湖补水量。采用定额法进行城镇河湖补水量计算。即按照现状水面面积和现状城镇河湖补水量估算单位水面的河湖补水量，根据对不同规划水平年河湖面积的预测计算所需水量。

（3）城镇环境卫生需水量。采用定额法计算城镇环境卫生需水量，计算式为

$$W_{CH} = S_C q_c \tag{3-9}$$

式中 $W_{CH}$——环境卫生需水量，$m^3$；

$S_C$——城市市区面积，$m^2$；

$q_c$——单位面积的环境卫生需水定额，$m^3/hm^2$。

2. 农村生态环境需水量

农村生态环境需水量是指为建设、修复和保护生态系统，对林草植被进行灌溉所需要的水量，林草植被主要有防风固沙林草等。

农村生态环境需水量采用面积定额法计算，即

$$W_P = \sum_{i=1}^{n} S_{pi} q_{pi} \tag{3-10}$$

式中　$W_P$——农村生态环境需水量，$m^3$；

$S_{pi}$——第 $i$ 种植被面积，$m^2$；

$q_{pi}$——第 $i$ 种植被灌水定额，$m^3/hm^2$，参照农作物灌水定额的计算方法。

3. 地下水回补量

灌区的合理地下水埋深应控制在一个范围区间内。合理生态水位上限是指土壤不发生强烈积盐的潜水埋藏深度，即地下水临界深度。合理生态水位下限指潜水蒸发极限深度。地下水位过低，地下水不能通过毛管上升水流达到植物根系，使土壤干旱，植物衰败，发生荒漠化。

$$W_{补} = k\mu \Delta h A_{补} \tag{3-11}$$

式中　$W_{补}$——地下水回补量，$m^3$；

$k$——补水综合效率系数；

$\mu$——给水度；

$\Delta h$——地下水回补高度，为回补前后地下水位之差，回补后地下水位通常取潜水蒸发极限深度；

$A_{补}$——地下水回补区面积，$m^2$。

## 3.3　灌区灌溉水源可利用量分析理论与方法

### 3.3.1　灌溉水源可利用量的概念和内涵

#### 3.3.1.1　灌溉水源可利用量的概念

《全国水资源综合规划技术细则》中对水资源可利用量定义为："在统筹考虑生活和生态环境用水的基础上，通过经济合理、技术可行的措施在当地水资源中可资一次性利用的最大水量（不包括回归水的重复利用）。"

国内外对水资源可利用量的概念讨论众多，一般将水资源可利用量定义为以社会与经济、生态环境需水量、工程措施、水权等为要素，以保护生态环境为前提，在满足经济技术合理的情况下，扣除生态环境需水量后的水资源量为水资源可利用量。

对于灌溉水源可利用量可定义为：灌区水资源在"自然—人工"二元水循环模式影响下，以可预见的技术、经济、灌溉发展水平及灌溉水资源的动态变化为依据；以可持续发展为原则，统筹考虑灌区内灌溉和其他用水；在协调灌区各种作物灌溉用水的基础上，以灌区灌溉水资源配置为依托，在其管理权限内，通过经济合理、技术可行的措施可供本灌区灌溉一次性利用的最大水量（不包括本区域回归重复利用量）。即通过灌区各种灌溉水

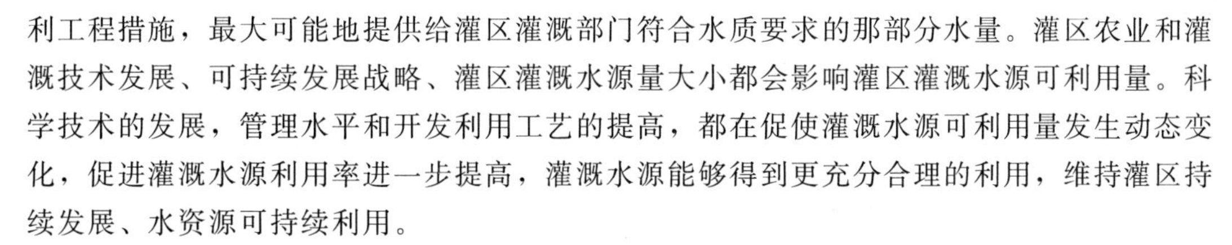

利工程措施，最大可能地提供给灌区灌溉部门符合水质要求的那部分水量。灌区农业和灌溉技术发展、可持续发展战略、灌区灌溉水源量大小都会影响灌区灌溉水源可利用量。科学技术的发展，管理水平和开发利用工艺的提高，都在促使灌溉水源可利用量发生动态变化，促进灌溉水源利用率进一步提高，灌溉水源能够得到更充分合理的利用，维持灌区持续发展、水资源可持续利用。

**3.3.1.2** 灌溉水源可利用量的内涵

灌溉水源是一种不断更新的自然资源，其可利用量具有水资源可利用量的一般内涵，同时具有特定内涵。本书根据灌区的特点，主要研究讨论灌区灌溉水源可利用量在灌区时空、水环境、技术、可持续等方面的内涵。

1. 时空内涵

从灌区灌溉水源可利用量的定义可看出，灌溉水资源具有明显的空间性和时序性。空间内涵主要表现在两个方面：①灌区水源可利用量是针对某一具体区域，区域不同，水资源所处的水源开发利用程度—灌区需水量—灌溉水资源配置复合系统不同，其可利用量也不同；②相同数量的灌溉水资源在不同区域上，由于地形地貌、水文地质、气象条件的差异，灌溉水资源利用程度不同，相应的可利用量也不相同。

2. 水环境内涵

灌溉水源可利用量可直接影响灌区内的灌溉状况，在满足其灌溉需水量的基础上，对灌区的灌溉水源可利用量进行估算分析。因为灌区水环境需水存在着临界值，一旦临界值被超越，灌区灌溉系统的平衡关系就会遭到破坏，灌区的健康就会受到损害并趋于恶化甚至衰亡，灌区灌溉会受到严重影响。

水环境内涵主要为：

（1）灌区水资源的科学利用是防治灌区地下漏斗、灌区盐碱化、荒漠化等不良灌区水环境的前提，为保护、改善灌区灌溉水环境，灌区水资源的最大开发利用程度应在其所承载的范围以内，实现灌溉水源合理开发与灌区水环境良性发展的可持续开发模式。

（2）防治灌区水体的污染，灌溉水质量符合特定的使用功能要求，污染物的浓度值和累积值都应处于灌溉功能设定的极限值以下。因此，在开发利用灌溉水源最大可用量时，应实现五个方面的功能：①满足作物对灌溉水的正常吸收；②有效抑制返盐；③尽量减少无效蒸发量；④充分利用各种灌溉水源；⑤防治灌区水体污染。灌溉水源的生态极限是决定灌溉水源可利用量的根本原因，是计算评价灌区灌溉水源可利用量的一个基本构成部分，也是认识与分析水资源可利用量的起点。

3. 技术内涵

由水资源可利用量的概念，灌溉水源可利用量离不开特定的科学技术背景，这不仅在于灌溉水源可利用量的极限与特定的技术水平有关，而且在于通过提高科学技术水平，可以提高灌溉水源可利用量。同时表明，一个具有极限涵义的灌溉水源可利用量包括了灌溉水源开发达到了最大限度内涵。灌区灌溉水源可利用量具有特定的技术内涵：①通过提高技术水平可以提高水资源的可利用量；②具有极限含义的灌溉水源可利用量的概念对应着最佳的灌区灌溉水源的管理状态。

4. 可持续内涵

研究灌区灌溉水源可利用量所依据的原则之一是可持续发展原则，前提条件是“以维护灌区灌溉水环境良性发展”，对灌区灌溉的支持方式为“持续支持”，任何基于对灌溉水源过度使用和对灌溉水环境破坏所得的瞬间可利用量的提高，都将是不被接受的可利用量，这充分体现了灌溉水源的可持续利用内涵。灌溉水源利用的可持续性内涵包含两个方面的含义：①灌区不同灌溉水源的开发利用方式是在保护灌溉水环境的前提下，努力发展灌区经济，促进灌区农业经济增长，保证灌溉水资源、灌溉水环境与灌区经济的共同发展，合理地开发、利用灌溉水资源，实现灌区灌溉水源可持续利用；②持续内涵还表现在灌溉水资源可利用能力的增强是持续的，即随着灌区农业经济的发展，由于水资源量的约束而必然导致需水量零增长甚至负增长，但是水资源可利用的增长形势不以水资源量增长的方式表现出来，而表现为技术进步型的可利用量的增长。

### 3.3.2　灌溉水源可利用量的影响因素

灌溉水源可利用量的影响因素包括：水文地理条件、水资源数量和质量、灌溉水源开发利用程度和方式、水环境状况、农业经济发展水平、科学技术水平、其他资源等。灌溉水源可利用量影响因素关系图如图3-2所示。

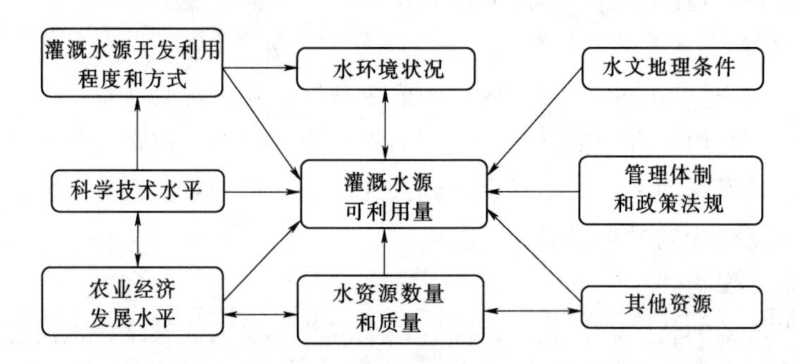


图3-2　灌溉水源可利用量影响因素关系图

### 3.3.3　灌溉水源可利用量的计算调配模型

#### 3.3.3.1　灌溉水源

灌溉水源是指可用于灌溉的地表水、地下水以及客水和中水。灌溉水源按存在空间、按取水工程类型、水源水质、开发利用的工程类型以及利用的功能等可分为：

（1）按水源存在空间分地表水和地下水。

（2）按取水工程类型分类：①有调蓄工程的地表水和无调蓄工程的地表水，主要包括引水取水、提水取水、蓄水取水、混合型取水为蓄引提相结合取水；②不同开采方式的地下水，主要包括垂直取水，水平取水，垂直和水平联合型取水。

（3）按水源水质类型分类：①淡水；②劣质水，包括咸水、污水、高含沙水。

（4）按利用功能分类：①单纯作为灌溉水源；②综合利用的灌溉水源。

（5）按利用次数分类：①一次利用水源，是指天然水源，包括地表水可供量和地下水可采量；②二次利用水源或称复用水源，如灌溉回归水和污水灌溉水源。

灌溉水源按照实际生产中的利用程度，可分为常规水源和非常规水源，常规水源有地表水和地下水两种存在形式；非常规水源主要是雨水集蓄、污水灌溉两种方式。随着我国

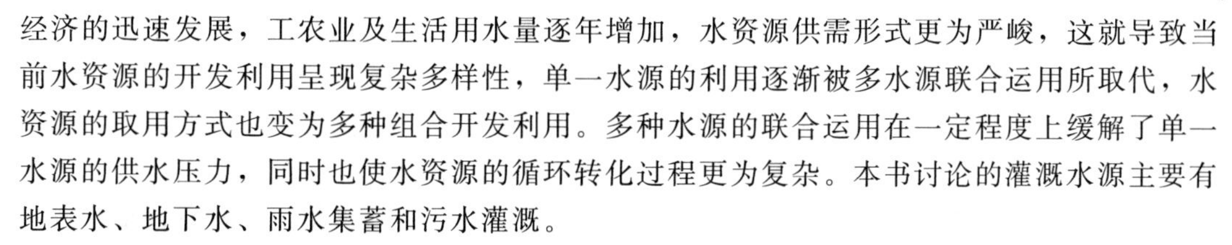
经济的迅速发展，工农业及生活用水量逐年增加，水资源供需形式更为严峻，这就导致当前水资源的开发利用呈现复杂多样性，单一水源的利用逐渐被多水源联合运用所取代，水资源的取用方式也变为多种组合开发利用。多种水源的联合运用在一定程度上缓解了单一水源的供水压力，同时也使水资源的循环转化过程更为复杂。本书讨论的灌溉水源主要有地表水、地下水、雨水集蓄和污水灌溉。

1. 地表水

地表水包括河川径流、湖泊水库和拦蓄的地表径流，是最主要的灌溉水源，我国70%以上的灌溉面积以地表水作为灌溉水源。我国河川径流多年平均总量约为26590亿$m^3$，地下水总补给量约为7814亿$m^3$，扣除重复部分，全国水资源总量约为2.8万亿$m^3$，居世界第六位。但是每亩耕地平均占有水量仅为1760$m^3$，相当于世界平均值的一半左右，再加上当前我国灌区灌溉方式的限制，水资源的利用效率较低，使得农业灌溉用水形式更加严峻。同时，灌溉水源可利用的水量在时程上的分布很不均匀，年内径流量50%～70%集中在6—9月，其他时期的水量不足；径流量的年际变化也较大，我国代表性河流的最大与最小年径流量倍比数介于1.8～80之间，长江以南各河流量倍比小于3，长江以北各河流量倍比一般为3～8，且时常出现连续枯水年或连续丰水年现象。

地表水资源通过引水取水或蓄水取水的方式进入灌区参与水资源循环过程，在湖库、坑塘等蓄水设施的渗漏和渠系输水渗漏、侧向补给的作用下，一部分地表水转化为地下水；在蒸发的作用下，一部分地表水转化为大气水。地表水的补给来源于降雨产生的地表径流、灌溉退水和地下水位高于周围河道水位时发生的地下水侧向径流。

2. 地下水

农业灌溉用的地下水主要是浅层地下水和潜水。地下水是水资源的重要组成部分，由于水量稳定，水质好，是农业灌溉、工业生产和城市生活的重要水源之一。在干旱半干旱地区，地表水资源比较缺乏，地下水成为灌溉的主要水源。在华北27个主要城市中，地下水供水量占城市总用水量的87%。我国农业用水量占地下水资源总用水量的80%以上，但我国农业发展相对落后，灌溉方式仍以传统的地面灌溉为主，使得水资源的有效利用率平均只有50%左右，造成严重的水资源浪费。提高农业水资源利用效率，发展节水型农业将是我国农业发展的主要方向。

在灌区水资源循环转化过程中，地下水的补给主要源自降雨入渗、渠系输水渗漏、灌溉水入渗等。在以渠灌为主的灌区，一次灌水过程中，地表水大量补给地下水，使得地下水位有较大幅度升高，使灌区面临次生盐碱化的威胁。因此，在地表水资源相对丰富的地区，发展渠井结合灌溉，对防止土壤次生盐碱化和维持灌区生态环境平衡方面具有重要意义。

3. 客水与中水

客水与中水主要以雨水集蓄和污水灌溉为主。北方干旱半干旱地区的降水主要集中在6—9月，降水与作物需水关键期在时间分配上不够一致，造成雨水资源的浪费。随着用水矛盾的不断加剧，雨水作为一种潜在资源的应用引起了相关专家的关注。目前，我国对雨水的利用尚处在初步探索阶段，对雨水资源的利用还没有形成规模，对雨水利用的方式主要为就地入渗利用，是一种被动的雨水利用方式。高效的雨水利用方式应是通过工程措施，如修建沟坝库塘等收集雨水，人为的调整雨水在时间和空间的分布，使雨水作为一种水资源为农业生产所利用。

污水灌溉是指经过处理并达到灌溉水质标准要求的污水作为水源所进行的灌溉方式。污水灌溉是迄今为止主要的废水利用方式，其主要是利用污水中含有的氮、磷等元素为农作物生长过程提供不可缺少的营养。合理的污水灌溉既能满足农业对水的部分需要，节约水资源，又可减轻对环境的污染；同时节省了灌溉用水，并且使污水得到了土壤的净化，减少了治理污水的费用等。

**3.3.3.2**　灌溉水源可利用量的计算原则

灌溉水源可利用量的计算遵循高效、公平和可持续利用的原则，统筹协调灌区多种水源及优先保证最小生态环境需水的原则，因地制宜选择估算方法。

1. 水资源可持续利用的原则

分析灌溉水资源合理利用的最大开发限度和潜力，合理控制水资源开发利用的程度，以保证灌区水资源的可持续利用。

2. 统筹兼顾及优先保证最小生态环境需水的原则

水资源开发利用遵循高效、公平和可持续利用的原则，统筹协调生活、生产和生态等各项用水。同时为了保持人与自然的和谐相处，保护生态环境，促进经济社会的可持续发展，必须维持生态环境最基本的需水要求。因此，在统筹河道内与河道外各项用水中，应优先保证河道内最小生态环境需水要求。

3. 以流域水系为系统的原则

水资源的分布以流域水系为特征。流域内的水资源是具有水力联系的，它们之间相互影响、相互作用，形成一个完整的水资源系统。水资源量是按流域和水系独立计算的，同样，水资源可利用量也应按流域和水系进行分析，以保持计算成果的一致性、准确性和完整性。

4. 因地制宜的原则

由于受地理条件和经济发展的制约，各灌区的水资源条件、生态与环境状况和经济社会发展程度不同，各地水资源开发利用的模式和程度各异。因此，根据不同灌区的水资源条件、特点和资料情况选择灌溉水源和计算方法，确定灌溉水源可利用量分析的重点。

**3.3.3.3**　有效降雨量计算

1. 有效降雨量的概念及影响因素

有效降雨量泛指降水量中的有效利用量。联合国粮食及农业组织（FAO）给出的年（或季）有效降雨量的定义：年（或季）降雨量中可在降雨地点，不需提水，直接或间接用于作物生长的那部分水量。年（或季）的有效降雨量包括：无害于主作物的生产，有利于播前或播后田间作业的雨量，用于蒸散发的雨量以及起冲洗作用的作物生长期内雨量；无效雨量主要包括地面径流流失和无益的深层渗漏两部分。按照国内农田水利学的有关资料介绍，有效降雨量是指降水只应存在作物根区，能使作物吸收利用的降雨量。

有效降雨作为灌区一种重要的灌溉水源，对作物产量的影响在逐渐加大，能够更好地满足灌区作物需水，因此有效降雨已成为灌区灌溉不可或缺的水源。影响有效降雨的因素有自然因素，也有人为因素。其中自然因素主要包括气象、地形、土壤的理化特性、地下潜水埋深、耕作种植等，人为因素主要包括灌溉管理、灌溉计划的制订、农田拦蓄降雨的系统工程完善情况等。

2. 有效降雨量的计算方法

全部有效降雨量估算方法都是根据表达式和按变化程度简化的水文循环为基础的。这些过程包含降雨量、灌溉、渗透和径流、蒸发作用、土壤水分的重分布以及深层渗透。

（1）一般估算方法。

在有效降雨量的众多估算方法中，本书依据地下水位的变幅进行估算。不同空间和时间下，地下水位是不断变化的，通常情况下，砂土地下水位低于2.5m，黏土或壤土地下水位低于3.5m，就会产生深层渗漏。根据农田水量平衡原理，采用式（3-12）估算有效降雨量，即

$$p_o = p_e - R_{or} - D_{pr} - E_o \tag{3-12}$$

式中 $p_o$——有效降雨量，mm；

$p_e$——降雨量，mm；

$R_{or}$——降雨后产生地表径流的流出量，mm；

$D_{pr}$——降雨入渗超过根系层土壤最大储水能力后产生的深层渗漏量，mm；

$E_o$——降水产生的蒸发量，mm。

由上述可知，对于作物全生育期内的有效降雨，若历年分次计算是极其复杂的，在生产实践中，可采用简化方法，即

$$p_o = \sigma p \tag{3-13}$$

式中 $p$——一次降雨量，mm；

$\sigma$——一次降雨的有效利用系数。一般应根据实测资料确定，在无实测资料时，一般技术资料对 $\sigma$ 建议采用下列数值，当 $p<5$mm 时，$\sigma=0$；当 $p=5\sim50$mm 时，$\sigma=1.0$；当 $p>50$mm 时，$\sigma=0.8\sim0.7$。

降雨过程不同，降雨量不同，同年内各时段降雨量不同，都会影响降雨的有效利用，导致降雨有效利用系数（$\frac{p_o}{p}=\sigma\times100\%$）的不同。在有效降雨量的计算中，理论上应当分次计算有效降雨，实际中这种方法实现起来比较困难，在这种情况下，一般先计算各种作物全生育期总降雨量，根据不同作物有效降雨系数，得到灌区不同作物全生育期的总有效降雨量，其计算模型为

$$p_e = \sigma_T p \tag{3-14}$$

式中 $p$——作物全生育期总降雨量，mm；

$\sigma_T$——作物全生育期内的总降雨有效利用系数。

（2）经验估算方法。估算有效降雨量不仅是年与年，季与季计算量不同，按照对有效降量概念的讨论，计算有效降雨的目的不同其方法也不尽相同，制订灌溉计划和灌溉管理要求对每场暴雨的有效性都要进行实时估算，实时估算必须估算深层渗漏和径流量，估算方法通常采用土壤水分平衡法估算。

$$\Delta SW = P_e + F_n + G_w - ET_c \tag{3-15}$$

式中 $\Delta SW$——作物根区土壤贮水量的变化；

$G_w$——时期内的地下水补给量，mm；

$ET_c$——时期内的作物蒸散量，mm。

$$P_e = P - R_{or} - D_{pr} - E_0 \tag{3-16}$$

式中 $P_e$——有效降雨，mm；

$P$——作物全生育期总降雨量，mm；

$R_{or}$——降雨后产生地表径流的流出量，mm；

$D_{pr}$——降雨产生深层渗漏，mm；

$E_0$——降雨产生的蒸发量，mm。

$$F_n = F_g - R_o f - D_p f - SD_l \tag{3-17}$$

式中 $F_n$——有效灌溉水量，mm；

$F_g$——时期内的总灌水量，mm；

$R_o f$——灌水产生的径流，mm；

$D_p f$——灌水产生的深层渗漏，mm；

$SD_l$——灌溉水在空气中及植物冠层以外的喷洒和飘移损失量，mm；

$R_o$——时期内的表面径流量，mm；

$D_p$——时期内的深层渗漏量，mm。

**3.3.3.4** 地表水可利用量计算

1. 地表水资源量

地表水（Surface Water），是指存在于地壳表面，暴露于大气的水，是河流、冰川、湖泊、沼泽四种水体的总称，亦称“陆地水”。灌区地表水主要包括河川径流和当地地表径流。

根据区域水资源平衡理论，可由灌区水量平衡方程和灌区水资源“自然—人工”二元水循环及水资源动态化特点，将灌区地表水资源量的计算模型概化为

$$R = W - E_n - U_s + W_{入} - W_{出} \tag{3-18}$$

式中 $R$——地表水资源量；

$W$——降雨量；

$E_n$——灌区蒸发蒸腾量；

$U_s$——降雨入渗补给地下水量，包括了降雨形成的地表入渗通过渠道、河道等入渗给地下水的部分；

$W_{入}$——入境地表水资源量；

$W_{出}$——出境地表水资源量。

(1) 降水量。

对灌区多年降水资料进行频率分析，按25%、50%、75%、95%的降水保证率（指多年期间降水量能够得到充分满足的概率）选定4个典型年，根据典型年中的降水量、降水分布情况，得出灌区各分区不同保证率条件下的每月的降水量及其出现的时间，计算出灌区的降雨量。

(2) 蒸发量。

灌区蒸发主要包括灌区作物蒸发和灌区生态环境蒸发，其中：生态环境的蒸发包括渠道蒸发、城镇降雨蒸发、植被蒸腾、裸地蒸发、水面蒸发、沟道蒸发。

$$E_n = E_{作物} + E_{生态} \tag{3-19}$$

$$E_{生态} = E_{渠道} + E_{城镇} + E_{荒地} + E_{水面} + E_{沟道} \tag{3-20}$$

其中，沟道蒸发、水面蒸发、渠道蒸发均为水域蒸发，植被蒸腾可以作为作物蒸腾，因此上述计算模型可以修改为

$$E_n = E_{水域} + E_{居工地} + E_{作物} + E_{裸地} \tag{3-21}$$

式中　$E_n$——区域内总蒸发量；

$E_{水域}$——水域蒸发量；

$E_{居工地}$——居工地蒸发量；

$E_{作物}$——耕地作物蒸发量；

$E_{裸地}$——裸地蒸发量。

1）水域蒸发量。水域蒸发量由 Penman 公式计算，即

$$E_w = \frac{(R_n - G_w)\Delta + \dfrac{\rho_a C_p \delta_e}{r_a}}{\lambda(\Delta + r)} \tag{3-22}$$

式中　$E_w$——作物从播种到收获的整个生育期间的叶面蒸腾与棵间蒸发（植株间土壤或水面的蒸发）量之和，mm/d；

$R_n$——净辐射量；

$G_w$——传入水中的热通量；

$\Delta$——饱和水蒸气压对温度的导数；

$\delta_e$——水蒸气压与饱和水蒸气压的差；

$r_a$——蒸发表面的空气动力学阻抗；

$\rho_a$——空气的密度；

$C_p$——空气的定压比热；

$\lambda$——水的气化潜热；

$r$——温度计常数，等于 $C_p/\lambda$。

2）城镇降雨蒸发量。

$$E_u = cE_{u1} + (1-c)E_{u2} \tag{3-23}$$

式中　$E_u$——不透水区域耗水量，下标 1 表示城市建筑物，下标 2 表示城市地表面和不透水道路；

$c$——城市建筑物占不透水域的面积率。

其他符号意义同前。

3）植被、作物蒸腾量。

植被、作物蒸腾量由 Penman－Monteith（Monteith，1973）公式计算：

$$E_{tr} = Veg(1-\delta)E_{pM} \tag{3-24}$$

$$E_{pM} = \frac{(R_n - G_g)\Delta + \rho_a C_p \delta_e / r_a}{\lambda[\Delta + \gamma(1 + \gamma_c/\gamma_a)]} \tag{3-25}$$

式中　$E_{tr}$——植被蒸腾量；

$E_{pM}$——作物蒸腾量；

$R_n$——净放射量；

$G_g$——传入植被、作物体内的热通量；

$\gamma_c$——植被群落阻抗。

蒸发属于土壤、植被、大气连续体水循环过程的一部分，受光合作用、大气湿度、土壤水分等的制约。

4）裸地蒸发量。

对于裸地土壤而言，其耗水途径就是通过大气蒸发消耗。裸地蒸发量 $E_s$ 的计算式为

$$E_s=\frac{(Rn-G)\Delta+\rho_a C_p\delta_e/r_a}{\lambda(\Delta+\gamma/\beta)} \tag{3-26}$$

$$\begin{cases} 0 & \theta\leqslant\theta_m \\ \beta=\dfrac{1}{4}\left[1-\cos\dfrac{\pi(\theta-\theta_m)}{\theta_{fc}-\theta_m}\right]^2 & \theta_m<\theta<\theta_{fc} \\ 1 & \theta\geqslant\theta_{fc} \end{cases} \tag{3-27}$$

式中　$\beta$——土壤湿润函数或蒸发效率；

$\theta$——表层土壤的体积含水率；

$\theta_{fc}$——表层土壤的田间持水率；

$\theta_m$——土壤单分子吸力对应的土壤体积含水率。

有上述计算模型，计算出多年平均每月的灌区蒸发量。

（3）降雨入渗补给地下水量。

一般情况下，灌区在非汛期地下水埋深较大，降雨量也较小，所以地下水入渗补给主要集中在汛期，非汛期相对少些。灌区降雨入渗补给地下水量计算式为

$$U_s=\alpha PF \tag{3-28}$$

式中　$U_s$——多年平均（汛期，频率年）降雨入渗补给量；

$\alpha$——大气降水入渗系数；

$F$——降水入渗面积，$m^2$；

$P$——多年平均（汛期，频率年）降水量，mm。

确定降雨入渗系数的方法有稳定同位素法、氯元素守恒法、水均衡法、达西法、地下水位动态法、经验法、基流分割法、包气带数值模拟法等。本书主要介绍经验法和地下水位动态法。

1）经验法是根据研究区内的地形、地貌和包气带岩性结构确定不同地区的降雨入渗补给系数。其基本原理是根据类比方法，将相邻地区或地形、地貌、包气带岩性结构和研究区相似地区的研究成果借鉴到该研究区使用。20世纪80年代，在进行第一次研究区水文地质调查的过程中，前人利用经验方法确定了不同地区的降雨入渗补给系数。

2）地下水位动态法是根据降水后地下水水位升幅 $\Delta h$ 与变幅带相应埋深段给水度 $\mu$ 值的乘积与降水量 $P$ 的比值计算 $\alpha$ 值，选择这种方法的边界条件：无开采、无灌溉、无侧向补给的时段；忽略雨期蒸发。

次降水入渗补给系数计算式为

$$\alpha_{次}=\frac{\mu\Delta h_{次}}{P_{次}} \tag{3-29}$$

式中 $\alpha_{次}$——当次降水入渗补给系数（无因次）；

$\Delta h_{次}$——当次降水引起地下水水位的升幅，mm；

$P_{次}$——当次降水量，mm；

$\mu$——给水度（无因次）。

年降水入渗补给系数计算式为

$$\alpha_{年}=\frac{\mu\Delta h_{次}}{P_{年}} \tag{3-30}$$

式中 $\alpha_{年}$——年均降水入渗补给系数（无因次）；

$\Delta h_{次}$——年内各次降水引起地下水水位升幅的总和，mm；

$P_{年}$——年降水量，mm。

（4）出境水量和入境水量。出境、入境水量计算应选取评价区边界附近的水文站，根据实测径流量采用不同方法换算为出、入境断面的逐年水量，并分析其年际变化趋势。

2. 灌区灌溉地表水资源可利用量

本书主要研究灌区地表水资源在灌溉方面的分配，即讨论估算灌区的地表总水资源量中有多少可供灌区农业灌溉耗水的方法。灌溉地表水资源可利用量计算就是在一定的生态保护标准和灌区其他经济条件下，在地表水资源总量中分割出灌区农业灌溉可以耗用的那部分水资源量。具体方法有正算法、切割法、扣损法等。

（1）正算法。正算法即根据灌区最大供水能力或最大用水需求的分析成果，以用水消耗系数算出相应的可供灌溉的一次性利用的水量。此方法一般还用于南方水资源较充沛的灌区。

（2）切割法。将天然径流切割成地表径流和河川基流量，然后根据两种流量乘以各自的利用系数，计算出两种可利用量之和即为地表水资源可利用量，将地表水资源可利用量乘以灌溉水利用系数，即为灌溉地表水资源可利用量。

（3）扣损法。扣损法可计算多年平均情况下灌溉地表水资源可利用量，即用灌区地表水资源量减去不能用于灌溉的河道内需水量和河道外需水量以及不可能被利用水量中的汛期下泄洪水量，一般用于水资源紧缺灌区，计算模型为

$$W_{u1}=W_s-W_r-W_a-W_d-W_i-W_n \tag{3-31}$$

式中 $W_{u1}$——灌区地表水资源可利用量，$m^3$；

$W_s$——灌区地表水资源量，$m^3$；

$W_r$——灌区河道生态需水量，$m^3$；

$W_a$——灌区汛期弃水量，$m^3$；

$W_d$——灌区工业耗水量，$m^3$；

$W_i$——灌区生活耗水量，$m^3$；

$W_n$——灌区不满足灌溉要求的水量，$m^3$。

1）灌区河道生态需水量。灌区河道生态需水是灌区必须要考虑的用水量，具有可控

性、天然性的特点。参照国外相关研究，河道内生态需水的计算方法主要包括水文指标法、水力学法、整体分析法和栖息地法等：①水文指标法依据历史水文数据确定需水量，所需数据最少、计算较简单，最常用的有蒙大拿法、年最小流量法和水力变化指标法等；②水力学法求解生态需水需要综合考虑流量变化、河道湿周、河道粗糙度、河道水力半径等，常用到湿周法和R2CROSS法；③整体分析法把河道内生态环境状况分为生态环境未变化、生态环境变化很少、生态环境适度改变、生态环境有较大改变、天然栖息地广泛散失以及生态环境处于危险境地，根据生态环境状态设定未来生态管理类型；④栖息地法是生态需水估算最复杂和最灵活的方法，栖息地法最常用的是河道内流量增量法。

不同地区根据其区域特点选用的计算方法不同，需要考虑的因素主要有：河流类型；生态环境价值观的差异；计算精度要求；收集资料在经济和过程上的难易程度等。

根据《水资源可利用量估算方法（试行）》，河道基流量的计算通常可采用典型年、最小月平均流量、多年平均径流量百分数等方法。

2）灌区汛期弃水。汛期水量中除一部分可供当时利用，还有一部分可通过河流、湖泊和工程续存起来供以后利用外，其余水量即为汛期难于控制的洪水量。基于洪水量年际变化大，灌区一次或数次弃水量占很大比重，一般年份或枯水年份有时弃水少，有时没有弃水。灌区汛期弃水等于灌区控制站汛期的天然径流量与灌区调蓄和耗用的最大水量之差。灌区径流量年内分配不均匀，差异比较大，差异越大，能够利用的径流量越少，弃水越多。计算汛期弃水量，选用基准是最大月流量和最小月流量的比值，采用系数不同，弃水量不同。

对灌区长系列年的径流资料进行分析，提出下面的确定弃水系数的方法：根据径流量在全年的分配不同，以每年月最大流量与月最小流量的比值为基准，根据其倍比值确定出各年的弃水系数，由此确定出灌区各分区的多年平均年弃水量。

3）灌区工业耗水量。灌区工业耗水量主要发生在输水和生产过程中（蒸发、产品带走、生活耗水），可以用工业用水量乘以工业耗水率计算得到，计算式为

$$W_g=\sum\lambda W_y \tag{3-32}$$

式中　$W_g$——工业耗水量，$m^3$；

$\lambda$——耗水率；

$W_y$——工业用水量，$m^3$。

4）生活耗水量。生活耗水量计算式为

$$W_s=\sum_{i=1}^{2}q_i p_{ni} \tag{3-33}$$

式中　$W_s$——生活耗水量，$m^3$；

$q_i$——人均每天用水量，$m^3$/人；

$p_{ni}$——人口总数，人。

5）灌区不满足灌溉水质要求的地表水。灌区不满足灌溉水质的地表水主要是指灌区的废污水。地表水资源数量和质量在时间、空间上变化复杂，灌区可以利用的地表水资源主要是河道中的闸坝蓄水以及洼淀存蓄的水量，在评价区范围内的主要河道、渠道、水库、塘堰设置水质检测站，由检测站点测出各污染因子的指数，根据《农田灌溉水质标

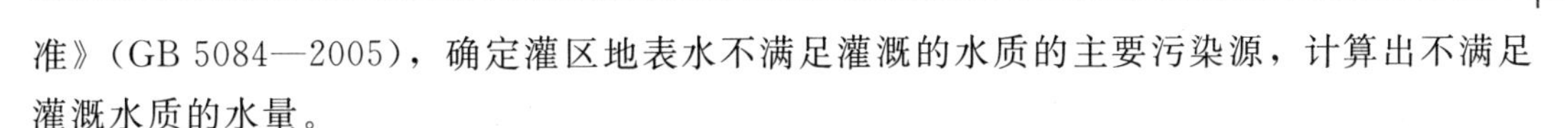

准》(GB 5084—2005),确定灌区地表水不满足灌溉的水质的主要污染源,计算出不满足灌溉水质的水量。

**3.3.3.5** 地下水可利用量计算

1. 地下水资源量

地下水资源量的计算方法主要有四大储量法(静储量、动储量、调节储量和开采储量)、地下水动力法、数理统计法和水均衡法等。其中,水均衡法作为区域水资源量常用计算方法表达式为

地下水资源量=总补给量-总排泄量

灌区地下水的补给量,主要由五部分组成:①本区域降雨入渗补给,这是地下水当地来源;②灌溉渗漏补给;③渠道渗漏补给;④河道渗漏补给;⑤水库入渗补给,排泄量主要是浅层水的蒸发量,开采消耗量。

因此灌区地下水资源的计算模型为

$$W_g = W_o - W_k \tag{3-34}$$

$$W_o = W_t + W_m + W_d + W_h + W_i \tag{3-35}$$

$$W_k = W_p + W_z \tag{3-36}$$

式中 $W_g$——地下水资源量,$m^3$;

$W_o$——地下水补给量,$m^3$;

$W_k$——地下水排出量,$m^3$;

$W_t$——降雨入渗补给量,$m^3$;

$W_m$——灌溉入渗补给量,$m^3$;

$W_d$——引水渠道入渗补给量,$m^3$;

$W_h$——河道渗漏补给,$m^3$;

$W_i$——水库入渗补给,$m^3$;

$W_p$——地下水蒸发量,$m^3$;

$W_z$——地下水开采消耗量,$m^3$。

(1)降雨入渗补给。一般情况下,灌区在非汛期地下水埋深较大,降雨量也较小,所以地下水入渗补给主要集中在汛期,非汛期相对少些。

$$W_t = \alpha PF \tag{3-37}$$

式中 $W_t$——多年平均降雨入渗补给量,$m^3$;

$\alpha$——大气降水入渗系数;

$F$——降水入渗面积,$m^2$;

$P$——降水量,mm。

(2)灌溉入渗补给。灌区灌溉入渗补给地下水水量的确定方法为

$$W_m = \beta Q \tag{3-38}$$

式中 $W_m$——灌溉入渗补给量;

$\beta$——灌溉入渗补给系数;

$Q$——时段灌溉水量。

入渗量通常是以确定和推求灌溉入渗补给系数 $\beta$ 值后而计算的。计算 $\beta$ 的方法主要有

灌溉实验法和动态分析法，本书主要通过实验和动态分析法的结合确定灌溉入渗系数，利用实验将各数据代入经验公式，各流域采用的$\beta$值为各分区代表区的平均值。

$$\beta=\frac{\xi\mu_i\Delta H_i F}{nW} \tag{3-39}$$

式中　$\beta$——综合灌溉入渗补给系数；

$W$——时段灌溉水量；

$\mu_i$——各灌区取用的给水度；

$\Delta H_i$——各灌区灌溉时段地下水位的升幅；

$F$——计算区面积；

$n$——灌区各分区的代表区数目。

由实验数据和上述计算模型，得出灌区各分区的灌溉入渗系数和入渗地下水量。

（3）渠道渗漏补给。

1）没有防渗措施的渠道防渗计算。没有采取防渗措施或采用渠槽翻松夯实、黏土护面或浆砌石护坡等简单的防渗形式的渠道渗漏计算模型为

$$\sigma=\frac{A}{100Q_n m} \tag{3-40}$$

式中　$\sigma$——每公里渠道输水损失系数；

$A$——渠床土壤透水系数；

$m$——渠床土壤透水系数；

$Q_n$——渠道净流量，$m^3/s$。

$$W_d=\sigma L Q_n \tag{3-41}$$

式中　$W_d$——渠道输水损失流量，$m^3/s$；

$L$——渠道长度，km；

$Q_n$——渠道净流量，$m^3/s$。

2）有防渗层渠道渗漏量计算。渗漏量计算采用武汉水利电力学院水力学教研室编制的《水力计算手册》中式（5-5-14）进行计算

$$W_d=\frac{K(B+Ah)}{1+\frac{A\delta_1}{B}\left(\frac{K}{K_1}-1\right)} \tag{3-42}$$

式中　$W_d$——渠道防渗后的单位渠长的渗漏流量，$m^3/s$；

$K$——原土壤的渗透系数，m/s；

$B$——渠道水面宽度，m；

$A$——系数，由渠道过水断面的参数$\frac{B}{h}$和$m$，由《水力计算手册》中的图5-5-4查得确定；

$h$——渠道水深，m；

$\delta_1$——土质防渗层的厚度，m；

$K_1$——土质防渗层的渗透系数，m/s。

（4）河道渗漏补给。灌区河道侧渗量采用达西公式计算，即

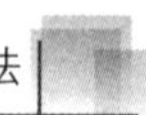

$$W_h = KJMBT \tag{3-43}$$

式中 $W_h$——河流入渗量，$m^3$；

$K$——含水层渗透系数；

$J$——法向水力坡度（无量纲）；

$M$——含水层厚度，mm；

$B$——过水断面宽度，m；

$T$——过水天数，t。

（5）水库渗漏补给。目前，研究湖泊或水库渗漏损失量的方法主要有水量平衡法、数值模拟方法、化学或同位素示踪、地下水动态分析、试验监测等、综合指标法等。根据各种研究方法的特点和应用条件，结合研究的实际情况，按照综合指标法计算库区的渗漏量。

$$W_i = I_i A \Delta t \tag{3-44}$$

式中 $W_i$——水库渗漏量，$m^3$；

$I_i$——综合库渗系数；

$A$——水库库区面积，$m^2$；

$\Delta t$——水库渗漏时间，t。

（6）地下水蒸发量。

$$W_p = Ft\varepsilon \tag{3-45}$$

$$\varepsilon = \varepsilon_0 \left(1 - \frac{h}{L}\right)^n \tag{3-46}$$

式中 $W_p$——地下水蒸发量，$m^3/d$；

$F$——蒸发面积，$km^2$；

$t$——蒸发时间，d；

$\varepsilon$——地下水蒸发强度，mm；

$\varepsilon_0$——地表水面蒸发强度，mm；

$h$——计算区地下水水位埋深平均值，m；

$L$——蒸发极限深度，m；

$n$——与土质有关的指数。

2. 灌区灌溉地下水质评价

灌溉用水水质的好坏，主要是从水温、矿化度及溶解盐类的成分对农作物和土壤的影响来考虑。同时考虑 pH 值和水中有毒元素的含量对农作物的影响。

（1）水温。灌溉水温北方以 10～15℃、南方以 15～25℃为宜。温度过低或过高，对作物生长都不利。

（2）矿化度。灌溉用水矿化度一般以不超过 2g/L 为宜；若大于 2g/L，则应视作物种类和所含盐类成分而定，以灌溉对水质的要求划分，可把灌区地下水水质分为以下四类：①好水，矿化度小于 2g/L 的水，一般作物生长正常，可以用作灌溉水源；②较好水，矿化度 2～3.5g/L，基本可用作灌溉水源，为防止土壤盐分积聚，最好渠井交替灌溉；③较坏水，矿化度 3.5～5g/L，在干旱缺水时可偶灌“救命水”，有渠水时，再做冲洗灌溉，以减少盐分在土体中积累；④坏水，矿化度大于5g/L，不能作为灌溉。

（3）溶解盐类的成分。作物还会受水中所含盐类成分的影响。对作物生长最有害的是钠盐，尤以$Na_2CO_3$（1g/L）危害最大，它能腐蚀农作物根部，使作物死亡；其次为NaCl(2g/L)，它能使土壤盐化，变成盐土，使作物不能正常生长，甚至枯萎死亡；最后为$Na_2SO_4$(5g/L)。

农田灌溉用水水质的评价方法主要有标准法、钠吸附比值法、灌溉系数法和盐碱度法。

1）标准法。农田灌溉用水质量的评价，除了遵照《农田灌溉水质标准》（GB 5084—2005）外，还必须考虑温度的下限、盐分的类型、有机物类型、灌溉方式等问题。在水资源十分缺乏的干旱灌溉区，灌溉水的含盐量可适当放宽。

2）钠吸附比值法。钠吸附比值法是美国农田灌溉水质评价采用的一种方法，它是根据水中钠离子与钙、镁离子的相对含量来判断水质的优劣。

3）灌溉系数法。灌溉系数是根据钠离子与氯离子、硫酸根的相对含量采用不同的经验公式计算的，它反映了水中的钠盐值，但忽略了全盐的作用。

4）盐碱度法。盐碱度法是由我国河南省地矿局水地质队提出的盐度、碱度的评价方法，目前已被广泛采用。①盐害：主要是指氯化钠和硫酸钠这两种盐分对农作物和土壤的危害；②碱害：也称苏打害，主要是指碳酸钠和碳酸氢钠对农作物和土壤的危害；③盐碱害：盐害与碱害同时存在，碱度与盐度并存，且盐度大于10，即称为盐碱害，盐碱害能导致土壤迅速盐碱化，强烈地腐蚀农作物的根部，促使农作物死亡；④综合危害：水中的氧化钙、氧化镁等其他有害成分与盐碱害一起对农作物和土壤产生的危害，称为综合危害，危害的程度主要取决于水中所含各种可溶盐的总量，所以用矿化度（g/L）来说明。

现阶段主要采用盐碱度法中的综合危害法来评价区域的地下水质，即用矿化度来评价灌区地下水质状况。

3. 地下水可利用量

灌区灌溉地下水可利用量的确定与地下水的开采技术水平及地下水的分布和地下水的矿化度有关，采用灌溉地下水可开采量来代表灌溉地下水可利用量，估算方法主要为多年调节计算法、可开采系数法和实际开采量调查法。

（1）多年调节计算法。水量调节计算法多用于对地下水研究程度较高、资料较长，埋藏较浅的平原区地下水资源评价，当有较多年份的地下水均衡计算资料时，根据水量平衡原理，把含水层视为地下水库，采用类似于地面水库的调节计算方法，就可推算出相应于某一保证率的灌溉可开采量和地下水位的变化过程。多年调节的计算方法有直接计算法和间接计算法。

1）直接计算法。该法是按实际资料逐年进行年调节计算，然后，取各年年内最大降深值作为该年年调节要求的水位变幅，该法能反映年内用水要求的实际变幅，但计算工作量较大。

2）间接计算方法（插值法）。为减少工作量，可在多年系列中，选择若干典型年（如丰、平、枯年份）分别进行年调节计算，得出相应的地下水埋深年内最大变幅值，点绘典型年水位埋深最大变幅值与降水量（或用水量）之间的关系曲线。其他年份用水要求的水

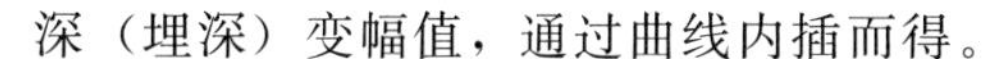
深（埋深）变幅值，通过曲线内插而得。

（2）可开采系数法。在水文地质研究程度较高，并且具有现状条件下地下水总量、水位动态、水质状况、实际开采量的长系列资料的地区，可采用开采系数法来确定多年平均可开采量，我国华北诸省进行地下水资源评价时，均采用此法。其计算式为

$$W_{u2}=\rho\eta W_g \tag{3-47}$$

式中 $W_{u2}$——灌溉地下水可开采量，$m^3$；

$W_g$——地下水资源总量，$m^3$；

$\rho$——可开采系数（地下水资源总量中，有一部分不可避免地要消耗于天然的水平排泄和潜水蒸发，故数值小于1.0）；

$\eta$——灌溉地下水可开采系数。

其中，可开采系数$\rho$的取值，主要通过对地下水开采条件和实际开采现状的综合分析确定。地下水开采条件包括地下水补给条件和水文地质条件，补给、开采条件的优劣取决于地下水的补给来源、含水层的集水能力与导水性能，地下水的水质。一般情况下，对含水层富水性好、厚度大、地下水埋藏浅的地区，可选用较大的可开采系数值，反之，则选用较小值。灌溉地下水可开采系数$\eta$的取值，主要根据灌区农业发展状况、农业灌溉水平、作物种植结构分析确定。

（3）实际开采量调查法。实际开采量调查中原则上以县级行政区为单位进行，对于地下水主要开采区、环境地质问题比较严重、供需矛盾较突出以及需要建立模型的地区，可适当以乡镇为单位进行。地下水开采量的统计限于井孔抽取的地下水量、泉水引水量、坎儿井引水量等，地下水重复利用量应单独统计。

调查方法如下：

1）不同的区域，不同的地质背景，地下水的开采历史和利用程度有较大的差别，开采井的数量、密度、开采深度和出水量也有很大不同。因此，调查方法要有所区别，因此要因地制宜地采取不同的调查方法。

2）对于开采井数量较少的地区，可采用逐一调查的方法，并利用孔口流量计或三角堰测定实际出水量。

3）对于集中供水的城市和工矿企业，开采量统计比较规范、准确，收集来的资料基本不用修正，直接作为城市地下水开采量。

4）对于开采井数量巨大的农村地区，尤其在华北农村以开采地下水灌溉为主，逐一调查不太现实，生活用水开采量和灌溉水量可采取搜集资料和抽样调查校正相结合的方法。

**3.3.3.6** 客水可利用量

引用客水灌溉的水资源总量扣除总的损失量，即为客水可利用量，据多年的观测资料显示，其损失量主要是在输水和灌溉的过程中损失，因此客水资源损失量主要包括渗漏损失，灌溉损失和蒸发损失。其计算模型为

$$W_{u3}=W_x-W_{y1}-W_{y2}-W_{y3}-W_{y4} \tag{3-48}$$

式中 $W_{u3}$——灌溉客水可利用量，$m^3$；

$W_x$——灌溉引用客水总量，$m^3$；

$W_{y1}$——客水渠道渗漏量，$m^3$；

$W_{y2}$——客水灌溉渗漏量，$m^3$；

$W_{y3}$——客水蒸发量，$m^3$；

$W_{y4}$——不满足灌溉水质的水量，$m^3$。

（1）灌区客水渠道渗漏量。

$$W_{y1}=\omega L\Delta t \tag{3-49}$$

式中　$W_{y1}$——客水渠道渗漏量，$m^3$；

$L$——渠道的渗漏长度，m；

$\Delta t$——渠道行水天数，t；

$\omega$——渠道的渗漏强度。

（2）灌溉渗漏量。

$$W_{y2}=\beta W_{x1} \tag{3-50}$$

式中　$W_{y2}$——客水灌溉渗漏量，$m^3$；

$\beta$——灌溉入渗系数；

$W_{x1}$——时段内引用客水灌溉量，$m^3$。

（3）客水蒸发量。

$$E=[0.1+0.24(1-U^2)^{0.5}](e_0-e_{150})W^{[0.85W/(W+2)]} \tag{3-51}$$

式中　$E$——水面蒸发量，$m^3$；

$U$——相对湿度；

$e_0$——水面水气压，hPa；

$e_{150}$——水面以上150cm的水气压，hPa；

$W$——水面以上150cm处的风速，m/s。

（4）不满足水质要求的水量主要由灌溉试验确定。

$$W_{y4}=\gamma W_{x1} \tag{3-52}$$

式中　$W_{y4}$——不满足灌溉水质的水量，$m^3$；

$\gamma$——不满足灌溉水质系数；

$W_{x1}$——时段内引用客水量，$m^3$。

**3.3.3.7**　中水可利用量

中水主要是指区域的各种污水经处理后达到一定的水质标准，可在一定范围内重复使用的非饮用水。随着水环境污染加剧，灌区经济社会发展带来日益增长的灌溉用水需求，灌区灌溉水资源的供求矛盾日趋紧张。为了实现灌区的可持续发展，可推行中水回用技术，以适当处理方式将污水中的病原菌和病毒去除至达到农业灌溉用水的水质标准，污水便能直接灌溉农作物，进而减少灌区灌溉压力。

灌区污水主要为工业废水，生活废污水，灌溉排水形成的混合废污水，受季节性影响，时空分布不均匀。灌溉中水的可利用量主要取决于该灌区产污量、污水处理厂数量、污水处理厂的污水处理能力，中水处理达标率，灌区多元化用水中的灌溉回用量。

灌溉中水的可利用量即灌溉中水回用量的计算模型为

$$W_{u4}=\beta\mu W_b \tag{3-53}$$

式中 $W_{u4}$——灌溉中水回用量，$m^3$；

$W_b$——灌区产污量，$m^3$；

$\mu$——处理达标率；

$\beta$——灌溉中水回用率。

## 3.4 灌区灌溉多水源可利用量动态调配理论

随着灌区经济社会的迅猛发展，灌溉用水需求快速增长，为保证灌溉水资源和生态经济系统的可持续发展，必须考虑水资源利用潜力以满足未来可持续发展的需要，量水而行。

根据灌区灌溉水资源可持续发展状况，由基本计算模型得到的初步灌区不同灌溉水源可利用量，结合灌区灌溉水源可利用量的动态性，对灌区灌溉水源可利用量实行动态调控，使灌区灌溉水资源可利用程度达到最优、最合理，调配后得到的灌溉水源可利用量的结果即为灌区多水源可利用量。实现对灌区灌溉多水源可利用量动态调配的基础，是灌区灌溉需水量和灌区水资源配置状况。

### 3.4.1 灌区灌溉多水源可利用量的动态调配计算

灌区灌溉多水源可利用量的动态调配是一个动态的、复杂的过程，首先应根据灌区灌溉需水量，结合灌区的灌溉方式和灌溉水利工程措施，在灌区各种灌溉水源可利用量的基础上，由灌区灌溉在时间、空间、数量和质量上的要求，对各种灌溉水源可利用量不断进行调配计算，直到对整个灌区灌溉多水源可利用量达到最优。

一个灌区内，灌溉水源往往是一种或几种，彼此既相互联系又相互影响，其灌溉水源可利用量的大小须单独分析。

虽然一个灌区多水源系统，按其组成结构，有串联、并联、混联等多种情况，比较复杂，但一般都按下述原则进行调配计算：①先用有效降雨，后用蓄水和提水；②先用地表水，后用地下水；③先用近处的水，后用远处的水；④先用本区域的水，后用外流域调水；⑤高水质水用于灌溉用水水质要求高的作物，低水质水用于灌溉用水水质要求低的作物。

灌区灌溉多水源系统调配计算原则应根据灌区灌溉具体情况而定，总的灌溉计算方式应做到统筹兼顾、合理安排，有利于灌区内不同灌溉水源可利用量总体上与灌溉需水量的平衡，有利于消除各项灌溉用水的矛盾，有利于灌区取得较好的生态效益和经济效益。

在制定作物灌溉的制度中已经考虑了不同频率年的有效降雨，计算的有效降雨作为制定不同频率年灌溉制度的依据，不参与灌溉水源的调配。其他灌溉水源可根据灌区不同作物不同灌溉时期对灌溉水质和水量的需求情况，依据不同灌溉水源可利用量的动态性，进行灌区不同分区内的不同作物、不同灌溉时期、不同灌溉水源可利用量动态调配。具体调配计算方法如下：

1. 步骤一

首先确定灌区灌溉多水源有哪些，现选取地下水灌溉水源为例，进行调配分析，其他灌溉水源也依此进行分析。

2. 步骤二

由地下水灌溉水源的基本计算模型，计算出地下水灌溉可利用量（或灌溉可开采量）。

3. 步骤三

由灌区的作物种植结构、地下水灌溉补源时间、不同灌溉期作物灌溉需水定额，计算不同时间对地下水源的灌溉总需水量，即地下水源灌溉需水量。

4. 步骤四

将地下水的灌溉可利用量和地下水源灌溉需水量进行水量平衡分析，分析结果有下列几种情况：

（1）地下水源灌溉需水量＜地下水源灌溉可利用量，灌区为地下水源灌溉丰水区。此时将灌区灌溉地下水源进行不同地区、不同作物、不同灌溉时期的动态调配计算，实行灌区作物地下水灌溉的充分灌溉。若其他水源灌溉水量不足，可将多余的灌溉地下水源可利用部分调去进行补充，仍有多余水源的话可以调给灌区内或灌区外其他需水部门。

（2）地下水源灌溉需水量≈地下水源灌溉可利用量，灌区为地下水源灌溉平衡区。此时将灌区灌溉地下水源进行不同地区、不同作物、不同灌溉时期的动态调配计算，实行灌区作物地下水灌溉的充分灌溉。

（3）地下水源灌溉需水量＞地下水源灌溉可利用量，灌区为地下水源灌溉缺乏区。调用其他水源多余灌溉可利用量，灌溉水源联合后，满足灌溉需水量，实行灌区作物联合水源灌溉的充分灌溉。不能调用其他水源或其他水源调用后，联合水源可利用量仍不能满足灌溉需水量，这时，可采取多种方法对灌溉水源可利用量进行调配计算，可以采取的方法有：①引进新的灌溉水源，比如中水、微咸水等，增加灌区灌溉可利用量；②采取膜灌、微喷灌、滴灌等工程节水技术，提高各种作物的节水灌溉技术，从而提高灌溉水的利用效率；③发展节水型农业，采用农艺节水，开发引进新的耗水量小的作物品种；④调整灌区作物种植结构，扩大低耗水作物的种植面积；⑤制定节水灌溉制度，合理分配灌溉可利用量，对灌区作物进行节水灌溉。

本书选择其中的一种方法，制定节水灌溉制度，对灌区灌溉多水源可利用量进行调配分析。

以灌区经济效益最大为目标，首先把有限的水量以最优的方式分配给各种作物，其次在一定灌溉水量分配给各种作物以后，把每种植物所得的水量按不同的生育阶段进行合理配置，最后根据各分区的种植结构，把灌溉水源分配到各分区。这样可以确定对灌区灌溉多水源可利用量分配的最优过程，使得灌区总的综合效益最大化。

1）单一作物优化灌溉制度。单一作物优化灌溉制度模型选用 Jensen 模型作为作物水分生产函数模型，确定节水型优化灌溉制度，对灌区单一作物灌溉可利用水量进行调配计算。目标函数为单位面积的实际产量与最高产量的比值最大化。其中 Jensen 模型为

$$\frac{Y_a}{Y_m}=\prod_{j=1}^{t}\left[\frac{(ET_a)_j}{(ET_m)_j}\right]^{\lambda_j} \tag{3-54}$$

式中　$Y_a$——作物的实际产量，$kg/hm^2$；

$Y_m$——作物的潜在产量，$kg/hm^2$；

$(ET_a)_j$——作物第 $j$ 个生育阶段的实际腾发量，mm；

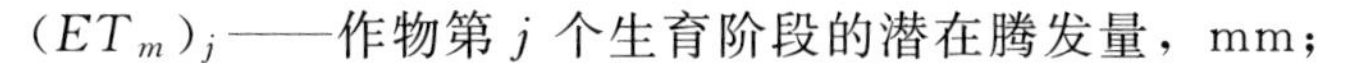

$(ET_m)_j$——作物第 $j$ 个生育阶段的潜在腾发量，mm；

$\lambda_j$——作物第 $j$ 个生育阶段的敏感系数。

该模型约束条件如下：

a）土壤灌水量约束：

$$0\leqslant m_i\leqslant q_i \quad i=1,2,\cdots,n \tag{3-55}$$

$$\sum_{i=1}^{n} m_i = W \tag{3-56}$$

式中 $m_i$——作物各生育阶段的灌水量；

$i$——作物的剩余阶段；

$q_i$——第 $i$ 阶段可用于分配的地下水灌溉水量；

$W$——可用于分配的地下水灌溉总水量，$m^3$。

b）土壤含水量约束：

$$W_{\min}\leqslant W_i\leqslant W_{\max} \tag{3-57}$$

$$\theta_w\leqslant\theta_i\leqslant\theta_f \tag{3-58}$$

式中 $W_{\max}$——土壤含水量上限，mm；

$W_{\min}$——土壤含水量下限，mm；

$\theta_w$——土壤含水率的上限；

$\theta_i$——土壤实际含水率；

$\theta_f$——田间持水率。

c）初始条件：

作物田间土壤含水量 $W_0$ 为

$$W_0=10\gamma H(\theta_0-\theta_w) \tag{3-59}$$

式中 $W_0$——播种时田间土壤含水量，mm；

$\theta_0$——土壤初始含水率，以占干土重的百分数计，%；

$\gamma$——土壤干容重，$t/m^3$；

$H$——计划湿润层深度，m。

2）多作物之间水量最优分配。在灌区内各种作物种植面积一定的条件下，以灌溉净效益年值最大为择优准则，优化灌区各时段的灌溉供水量及作物的优化产量。多作物之间水量最优分配模型为

$$\text{Max}F=\varepsilon\sum_{i=1}^{n}(Y_k-Y_{k_0})A_kP_k-C_q \tag{3-60}$$

式中 $Y_k$——第 $k$ 类作物灌溉后的单产量，$kg/hm^2$；

$Y_{k_0}$——第 $k$ 类作物灌溉前的单产量，$kg/hm^2$；

$P_k$——第 $k$ 类作物单价，元/kg；

$A_k$——第 $k$ 类作物的灌溉面积，$hm^2$；

$\varepsilon$——灌溉效益分摊系数；

$C_q$——地下水灌溉年运行费用，元。

$$C_q = C_q^o \sum_{j=1}^{T} \sum_{k=1}^{n} X_{kj} \tag{3-61}$$

式中　$X_{kj}$——$k$ 种作物 $j$ 时段内的灌溉地下水用水量，$m^3$；

$C_q^o$——地下水单位水量年运行费用，元/$m^3$。

该模型约束条件如下：

a）各时段地下水开采能力约束。

$$\sum_{k=1}^{n} X_{kj} < W_j \tag{3-62}$$

式中　$W_j$——$j$ 时段地下水抽水能力，$m^3$。

b）非负约束。

$$X_{kj} \geqslant 0 \tag{3-63}$$

5. 步骤五

将灌区其他灌溉水源依次进行上述步骤的调配计算，根据各水源调配结果和各分区的作物种植情况，计算灌区各分区和整个灌区灌溉多水源可利用量。

### 3.4.2　灌区灌溉多水源调配结果分析处理

取定或计算各灌区的可开采系数，由计算的灌区不同分区不同频率年的地下水可利用量满足地下水灌溉的程度，划出灌区各分区不同频率年的地下水可开采系数范围。分析各灌溉水源在空间和时间上的调配关系，主要是各灌溉水源在灌溉期和非灌溉期的可利用量调配关系和各灌溉水源在灌区各分区间的调配关系。根据作物的灌溉制度和灌区灌溉水资源配置情况，计算各灌溉水源在不同频率年的灌溉期和非灌溉期的可利用量比例，以及各灌溉水源在不同区域间的可利用量比例。

在灌区灌溉多水源可利用量调配计算过程中，当灌溉需水量小于灌溉可利用水量时，体现的是“正平衡”，其主要体现的是灌溉水源量相对丰富，或该灌区内经济欠发达，对灌溉水资源的需求量不大，可进行灌区作物的充分灌溉，该区内灌溉水资源尚有一定的储备潜力。当灌溉需水量与灌溉可利用水量大体上平衡时，可进行灌区作物的充分灌溉，体现了该灌区是在可持续性地运用灌溉水源，灌溉水源的开发利用是适度的、良性的。当灌溉需水量大于灌溉可利用水量时，需要制定节水灌溉制度，提高水分利用率，从而提高灌区经济效益，灌区水量平衡为“负平衡”，负平衡的出现显示了该灌区灌溉水源开发超量，如果一直延续下去可导致生态状况变坏。

第4章

# 变化环境下灌区水资源动态承载力计算模型构建

## 4.1 水资源动态承载力的概念及内涵

### 4.1.1 水资源动态承载力的概念

承载力（Carrying Capacity）一词原为一个物理概念，通常指物体在不产生任何破坏时所能承受的最大负荷。水资源承载力是承载力概念在水资源领域的应用与拓展，是随着水问题的日益突出由我国学者在20世纪80年代末期提出的，它是自然资源承载力的一部分。近年来，国内外很多专家学者对水资源承载力的概念、内涵、评价方法开展了大量的研究工作，取得了很多成果。虽然大家对水资源承载力的认识各有不同，但围绕水资源承载力概念所表达的思想观点和定义并无本质差异，都强调了“水资源的开发规模”或“水资源的支撑能力”。

水资源动态承载力是针对传统的水资源承载力计算存在的不足而提出来的。传统的水资源承载力计算一般基于未来水平年不同保证率水资源可利用量，不能真实反映未来由于气候等自然因素发生变化后导致的水资源情势的变化。而水资源动态承载力计算的前提是首先通过气候模型、陆面水文模型模拟得到未来年份在气候发生变化或陆面人类活动发生变化情况下水资源可利用量，在此基础上计算得到的承载力大小。因此，可以把“水资源动态承载力”概括为“一个流域或区域的水资源动态承载力，是指在可以预见的时期内，不同时间段中，水资源系统在气候变化和人类活动的影响下能够维系生态系统良性循环，支撑经济社会发展的最大规模”。水资源承载力随着外界条件的变化而不同，伴随着时间演进而变化。

### 4.1.2 水资源动态承载力的内涵

在传统水资源承载力的计算或评价中，主要结合概率统计分析方法研究水资源常态过程，而较少动态考虑外部因素发生变化时的连续动态演进情形。基于传统水资源承载力的研究基础，本书研究的水资源动态承载力的内涵如下：

（1）突出考虑了气候变化和人类活动影响下的水资源系统的动态变化，即明确了由于外因和内因发生变化导致水资源系统变化而带来承载力的动态变化，考虑到了自然水循环和社会水循环的耦合问题。

（2）明确了水资源承载的对象和目标，与一般水资源承载力概念不同的是，突出其对象和目标的动态性，即不同时期一定的水资源量可以支撑的经济社会发展的最大规模，考虑到了量纲问题，考虑了水资源量和经济社会发展动态变化问题。

（3）提出了水资源承载力的两个基本判断标准：既要维持区域经济社会可持续发展的现实需求，又要维持流域生态系统的稳定和良性循环。从而为实现人与自然和谐相处、走人水和谐发展的道路提供水资源承载力阈值。

（4）界定了水资源承载力评价的空间尺度和空间范围，应以某一个确定的流域或区域为基本单元，既要考虑陆面自然水循环的物理机理和过程，又要考虑经济社会水循环过程的“供—用—耗—排”关系，实现了特定空间自然水循环和社会水循环的耦合。

（5）界定了水资源承载力评价的时间尺度和时间范围，应在人类科学技术可预测的时期内和一个确定的时期内，反映水资源承载力的动态性和相对极限性；进一步反映出水资源承载力随时间的变化而变化。

## 4.2 变化环境下水资源动态承载力计算模型构建

### 4.2.1 水资源承载力计算方法介绍

20世纪90年代以来，流域或区域水资源承载力计算已经成为水资源研究领域的一个热点问题。目前关于水资源承载力的计算方法较多，概括起来主要有三类：经验公式法、综合评价法和系统分析法。

（1）经验公式法。该方法主要有背景分析法、常规趋势法、简单定额法等，此类方法计算相对比较简单，对资源、环境、经济社会之间的联系考虑较少。

（2）综合评价法。该方法主要包括综合指标法、模糊综合评价法、主成分分析法、投影寻踪法和物元可拓模型等方法，此类方法一般通过采用某种评价方法与评价标准比较，从而评价得出水资源的承载能力。综合评价法对数学理论应用比较深入，但在研究过程中仍然忽略了水资源的系统性。

（3）系统分析法。该方法主要包括系统动力学法、多目标综合分析法、优化模型法和控制目标反推法等。与前两类方法不同的是，系统分析法将水资源承载力的主体和客体作为整体一并考虑，研究在不同的社会发展模式和不同的水资源开发利用方式下，水资源对区域经济和人口的承载状况，研究过程中考虑了水资源问题的复杂性和系统性，但在水资源系统模拟方面仍有欠缺。

三种方法各有千秋，也都存在弱点，在研究水资源承载力各个因素之间的相互作用关系，以及动态定量描述水资源承载力大小和过程变化方面均有不足。

2005年左其亭教授从水资源系统分析的角度出发，紧扣水资源承载力概念，提出了“基于模拟和优化的控制目标反推模型（简称COIM）”方法。该方法是以“水资源系统、经济社会系统、生态系统共同运转、相互制约、互为参数，建立的耦合系统（模拟）模型”为基础模型，以“实现生态环境健康为目标要求构建的维系生态系统良性循环的控制方程组或指标阈值”为控制约束，以“水资源—经济社会—生态复合大系统支撑最大经济社会规模（包括人口总数、经济指标、城市规模等）”为优化目标，建立大系统最优化模型。通过该最优化模型求解（或控制目标反推）计算得到的“最大经济社会规模（具体包括人口总数、经济产值等主要指标）”就是水资源承载力。

在该模型中，包含有水资源系统、经济社会系统、生态系统的耦合模型，充分反映了水资源系统、经济社会系统、生态系统本身的复杂性以及耦合系统相互制约、互为参数的大系统复杂定量关系；包含有生态系统良性循环控制方程组或指标阈值，作为模型的约束条件，紧扣水资源承载力概念中关于生态系统良性循环的要求。此外，模型把最大经济社会规模作为目标函数，紧扣水资源承载力概念，即通过模型求解得到的最大目标值就是其承载力值。另外，从模型计算角度来看，可以采用优化模型求解直接得到，也可以采用控制目标反推计算得到，体现出计算的灵活性。

### 4.2.2 变化环境下水资源动态承载力计算框架

COIM 方法主要用在未来不同水平年的水资源规划中，计算不同水平年相对某一时间段的水资源承载力，还没有应用于实时的动态变化计算，更没有考虑气候变化和人类活动影响下水资源承载力的动态变化过程。因此，本书根据对水资源动态承载力概念的定义和内涵的解读，考虑气候变化和人类活动的双重影响作用，参考 COIM 方法的研究思路，首次提出变化环境下水资源动态承载力计算模型框架，如图 4-1 所示。

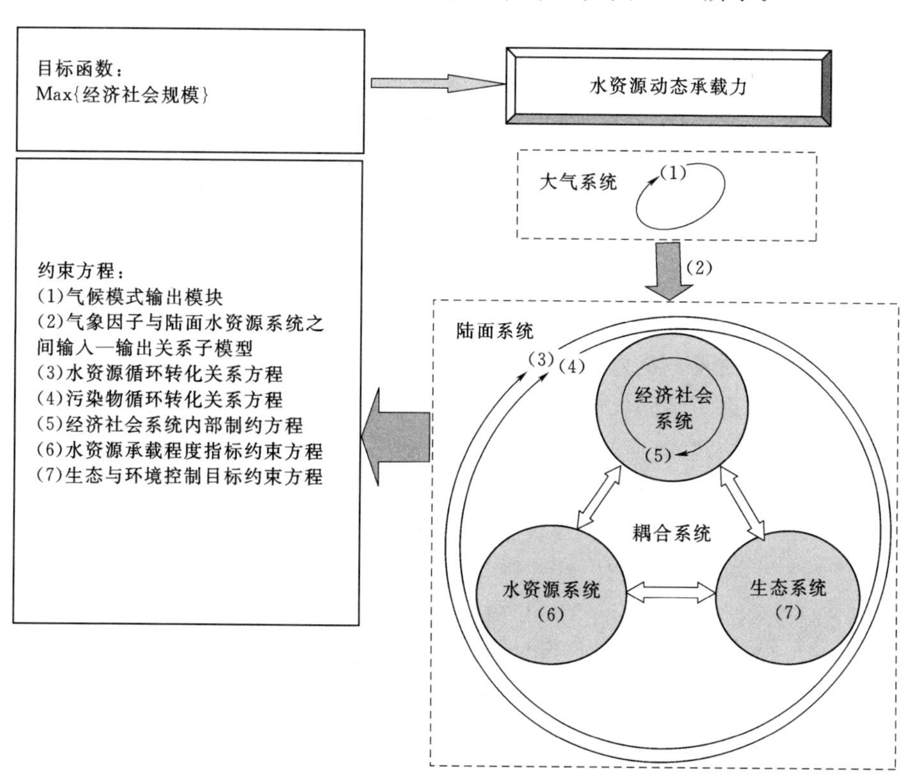


图 4-1 变化环境下水资源动态承载力计算模型框架图

其基本思路是：以气候模式输出模块作为陆面系统的输入，根据多年观测资料构建气温、降水等气象因子与陆面水资源系统（河川径流）之间的输入—输出关系子模型，搭建起大气系统气候变化因子与水资源系统因子之间的定量联系；以气候模式输出结果为基础计算陆面系统未来水资源演变预测结果；以水资源系统、经济社会系统、生态系统相互制约、互为参数建立的耦合系统（模拟）模型为基础模型，以构建的维系生态系统良性循环控制方程组或指标阈值为控制约束，以复合大系统支撑的最大经济社会规模为优化目标函数，建立大系统最优化模型。通过该最优化模型求解（或控制目标反推）得到的最大经济社会规模就是水资源动态承载力。仿照COIM方法，本书称此方法为“基于预测—模拟—优化的控制目标反推模型”方法（Prediction - Simulation - Optimization - Based Control Object Inversion Model），简称PSO - COIM方法。与COIM方法不同的是，PSO - COIM方法创新地引入气候变化的研究成果，增加了气象因子与陆面水资源系统之间输入—输出关系子模型，进一步扩展了水资源循环转化子模型，充分考虑了气候变化和人类活动的不确定性作用和动态变化特征，计算结果充分表现出动态变化特征。该模型既能表达过去水资源承载力的动态演进过程，也能充分反映未来不同气候模式情景下水资源承载力变化过程和趋势。可以看出，PSO - COIM方法是对COIM方法的重要改进和有益补充。

### 4.2.3　PSO - COIM模型一般表达式及有关说明

PSO - COIM方法是把最大经济社会规模（这里代表水资源动态承载力）作为目标函数，把气候模式输出模块作为陆面水资源系统的外部输入，把气象因子与陆面水资源系统之间的输入—输出关系作为子模型，联合水资源循环转化关系方程、污染物循环转化关系方程、经济社会系统内部相互制约方程、水资源承载程度指标约束方程以及生态与环境控制目标约束方程，共同作为约束条件，建立的一个优化模型。

在该模型中，包含了一般COIM模型中水资源系统、经济社会系统、生态系统耦合系统（模拟）模型，也包含维系生态系统良性循环控制方程组或指标阈值，并把最大经济社会规模作为优化模型的目标函数，充分反映了一般水资源承载力的概念和内涵。此外，因为气候变化本身十分复杂，本模型不可能再去深入研究气候变化，所以选择了采用气候模式输出作为系统的输入，从而可以考虑气候变化的各种不同情景，体现了实用性和灵活性。因此，该模型考虑了不同气候模式下的水资源承载力变化趋势，反映了水资源动态承载力的特性。模型表达式为

$$\left.\begin{array}{l}\text{目标函数}\\ \qquad \mathrm{Max}(P,A,S\cdots)\\ \text{约束条件}\\ \qquad \mathrm{Sub\ Mod}(RCP)\\ \qquad \mathrm{Sub\ Mod}(RCP-Q)\\ \qquad\quad \mathrm{Equations}(P,E,Q,W,V)\\ \qquad \mathrm{Equations}(Q,W,C)\\ \qquad \mathrm{Sub\ Mod}(R,I,A)\\ \qquad I\leqslant 1\\ \qquad \mathrm{Inequations}(Ws,Cs)\\ \qquad \text{其他约束}\end{array}\right\} \tag{4-1}$$

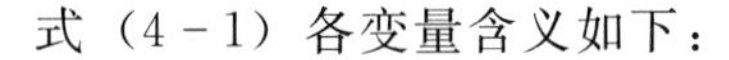



式（4－1）各变量含义如下：

（1）目标函数 Max($P$、$A$、$S$、…)。根据本书对水资源承载力、水资源动态承载力的定义和内涵的解读，可知通过一定计算得到的水资源系统支撑经济社会规模的最大值就是水资源承载力。基于这一思路，在建立的 PSO－COIM 模型中，将表征经济社会规模最大值函数作为优化模型的目标函数。

一般表征经济社会规模的指标较多，如人口数、工业产值、农业产值等。因此，用于表征水资源承载力结果的是一个指标集合。这里主要列出几个代表性指标，如人口总数（$P$)、工农业总产值或 GDP（$A$)、城镇占地总面积（$S$)。当然还可能有其他指标，可以根据具体问题进行选择。如果表征水资源承载力最终计算结果的是多个指标，就是多目标模型；如果表征水资源承载力最终计算结果的是一个指标，就是单目标模型。在目前已有的实例研究中，人们习惯用人口总数指标来表示水资源承载力大小，目标函数可表示为：Max($P$)。在 PSO－COIM 模型中，采用人口总数单目标函数是可行的，因为在模型中包含经济社会系统内部相互制约方程。作为模型的约束方程，该方程能表达经济社会主要指标之间的定量关系，在确定了最大人口总数的同时就可以通过该制约方程相应计算得到其他经济社会指标，如工业产值、农业产值等。另外需要说明的是，目标函数 Max($P$、$A$、$S$…）是随着空间单元变化而变化，可以是研究区的总值，也可以是每个空间单元的值再汇总。总之，需要根据具体情况来具体选择。本书在实例研究中采用研究区人口总数作为目标函数值。

（2）气候模式输出模块 Sub Mod($RCP$)。本书在水资源承载力计算过程中考虑到了变化环境下流域或区域水资源的演变及其对经济社会承载的规模变化。鉴于气候变化复杂，本书在 PSO－COIM 模型中，直接引用目前比较广泛认可的气候模式模型，作为 PSO－COIM 模型的约束条件，也作为陆面水资源系统的输入，可以动态表示不同气候情景的影响。只要气候模式改变或输出结果变化，陆面水资源系统的响应也很容易随之变化，因此，这种简化处理既能表征气候变化的动态特征，也能灵活应用气候模式的最新研究成果。把气候模式输出模块统记作 Sub Mod($RCP$)。

（3）气象因子与陆面水资源系统之间的输入—输出关系子模型 Sub Mod($RCP-Q$)。气候模式输出模块 Sub Mod($RCP$）的输出，是一系列不同时间和空间尺度上的气象因子（如降水、气温等）。这些气象因子正是陆面水资源系统变化的驱动指标，在气象因子变化的情况下带动水资源系统主要指标（如径流量、水资源量）的变化。因此，需要建立起气象因子与陆面水资源系统之间的输入—输出关系，才能真正定量反映出气候模式输出变化带动水资源承载力大小的变化。也就是需要构建一个气象因子与陆面水资源系统之间输入—输出关系子模型，统记作 Sub Mod($RCP-Q$)。

关于 Sub Mod($RCP-Q$）的构建，在目前学术界还存在诸多难点问题，比如基于分布式水文模型和气候模型相耦合的尺度问题。目前也有大量的研究文献来探讨相关的研究工作，特别是基于分布式水文模型和气候模型相耦合的方法。该方法具有很大的空间模拟功能，但该方法常常遇到资料的限制和计算模型应用的局限，特别是尺度问题尚未得到有效解决，此外，本书的重点也不在于对该模型的深入研究上，因此拟采用一种简便的输入—输出统计关系模型方法，在实际应用中表现出较好的效果。

(4) 水资源循环转化关系方程 Equations($P$，$E$，$Q$，$W$，$V$)。水资源循环转化关系方程主要表达水资源系统内部各种水资源要素之间的相互关系，它们之间既可以相互影响和制约，又可以相互转化，相互作用关系比较复杂。各种水资源要素之间的相互转化既包含在自然水循环系统中，也包含在社会水循环系统中，构成了一个比较复杂的“自然—社会”水循环系统，水资源形成与转化关系示意图如图4-2所示。

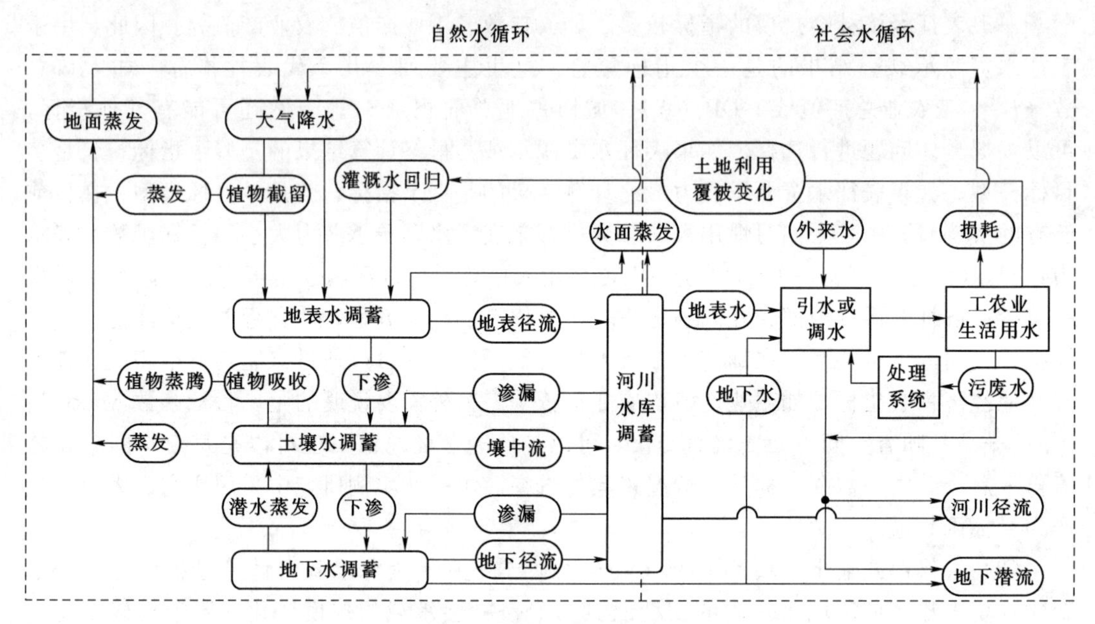


图4-2　水资源形成与转化关系示意图

在具体问题中，水资源系统各要素之间的转化关系，一般通过建立典型流域水资源转化关系模型来定量描述。目前在水资源转化关系定量描述方面，多采用具有一定物理机制的分布式水文模型。然而，由于分布式水文模型所需资料较多，在资料稀缺地区计算模拟的结果可靠性往往难以保证。为此，本研究试图另辟蹊径，寻求相对简便的方法，通过水量平衡原理建立各计算单元的水量平衡模型，化整体为局部，再从局部到整体，构建全流域水资源转化关系模型。

计算单元水量平衡模型方程示意图如图4-3所示。

根据水量平衡原理，该计算单元水量平衡模型方程为

$$Q_{RI}=Q_{RO}+Q_{RD}+Q_E+Q_g+Q_\Delta+\Delta V \tag{4-2}$$

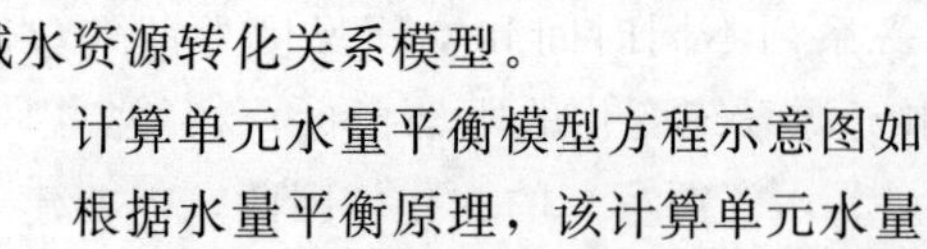

式中　$Q_{RI}$——单元入流流量；

$Q_{RO}$——出流流量；

$Q_g$——地下水交换量；

$Q_E$——水面蒸发量；

$Q_{RD}$——总引水量；

$Q_\Delta$——其他途径入出单元水量代数和；

$\Delta V$——单元蓄水变化量。

图4-3　计算单元水量平衡模型方程示意图

在实际应用中，为计算方便，常常选用已

有的水文数据作为计算单元的入流量 $Q_{RI}$ 和出流量 $Q_{RO}$。这样做的前提是计算单元的入流、出流断面应选择在国家基本水文站的位置，因为国家基本水文站一般有长系列的水文资料，可以使计算单元的入流量 $Q_{RI}$、出流量 $Q_{RO}$ 为已知。而其他几种未知水量可以通过用已知变量的近似函数关系表达式来求解，函数关系表达式中的未知参数可以用水文系统识别理论方法来反求。

水资源从形成、取用、蒸发，再排回到水体，经历了复杂的循环转化过程，既包含有自然水循环过程，也包含有社会水循环过程。因此，在量化研究水资源承载力时，需要首先建立能够充分体现"自然—社会"水循环过程的水资源循环转化方程，它是计算水资源承载力的基础方程。因为存在不同区域、多个单元，再加上不同类型水资源量的情形，所建立的可能不是一个方程，而是一组水资源循环转化方程组，统一记作 Equations($P$, $E$, $Q$, $W$, $V$)。当然，对于不同的情况，所建立的方程组可能不同。

$$\left.\begin{aligned}
&P+Q_{调}+Q_{入}=E+W_{Cons}+\Delta V_{地下水}+\Delta V_{地表水}+Q_{出}\text{（总水量平衡方程）}\\
&Q_{Can}=aQ_{Self}+Q_{In}+Q_{again}\text{（可利用水资源计算方程）}\\
&Q_{Can}=W_{Indu}+W_{Arg}+W_{Life}+W_{Other}+\Delta W\text{（可利用水资源分配方程）}\\
&W_{Indu}+W_{Arg}+W_{Life}+W_{Other}=W_{Cons}+W_{Ret}\text{（水资源利用—消耗转化方程）}\\
&W_{Cons}=E_I+E_A+E_L\text{（水资源消耗量计算方程）}\\
&W_{Ret}=C_{Ret}+Q_{Ret}\text{（水资源利用后回归量计算方程）}
\end{aligned}\right\}\quad(4-3)$$

式中 $P$、$E$、$W_{Cons}$——分别为降水量、总蒸发量、总消耗水量；

$\Delta V_{地下水}$、$\Delta V_{地表水}$——分别为地下水体、地表水体蓄水量的变化量；

$Q_{入}$、$Q_{出}$——分别为流入、流出本区的水量；

$\Delta W$——剩余的可利用水资源量（剩余为正，不足为负）；

$E_I$、$E_A$、$E_L$——分别为工业、农业、生活用水消耗水量；

$Q_{调}$——从区外调水总量；

$W_{Ret}$——总回归水量。

其他符号含义同前。

(5) 污染物循环转化关系方程 Equations($Q$, $W$, $C$)。污染物从产生、排放到水体、分解等过程，也经历了复杂的循环转化过程。污染物排放主要归因于人类活动的影响，因此，在水资源承载力计算模型中，需要包含描述污染物循环转化的方程，来定量表达人类活动影响下自然水体水质的转化关系。

需要建立的污染物循环转化方程包括污染物排放量计算方程、水质模拟方程等，它们可以充分表达出污染物的产生和运移过程。因此，建立的污染物循环转化关系方程可能不止一个，而是一组方程，统记作 Equations($Q$, $W$, $C$)。

本书建立的水质模型相对比较简单。主要引用一般的单一排水河道、存在污水排放口的污染物质量平衡（或守恒）方程，方程组为

$$\left.\begin{aligned}
&W_{WD}=\sum_{i=1}^{n}\left[Q_{W_i}\mu_i C_{D_i}+Q_{W_i}(1-\mu_i)C_{W_i}\right]\text{（污染物排入河道总量方程）}\\
&Q_m C_m=Q_1C_1+W_{WD}-\beta(Q_1C_1+W_{WD})\text{（水质模拟方程）}
\end{aligned}\right\}\quad(4-4)$$

式中　$W_{WD}$——污水处理后某污染物排放总量，kg；

$Q_{W_i}$——第 $i$ 计算单元污水排放量，$m^3$；

$C_{D_i}$——第 $i$ 计算单元污水处理后某污染物浓度，g/L；

$\mu_i$——第 $i$ 计算单元污水处理率；

$C_{W_i}$——第 $i$ 计算单元污水中某污染物综合浓度，g/L；

$Q_1$——排放的河流上游来水量，$m^3$；

$Q_m$——控制断面径流量，$m^3$；

$C_1$——上游断面来水某污染物浓度，g/L；

$C_m$——控制断面浓度，g/L；

$\beta$——污染物综合消减率。

（6）经济社会系统内部制约方程 Sub Mod($R$，$I$，$A$)。在经济社会系统中，由于各个指标之间并不是完全孤立的，多数指标之间是有联系的，甚至是相互制约的关系。比如，人口多了就要吃饭，就要发展农业，要提高生活水平就要发展工业，这种情况下人口数与工业、农业发展成正相关。相反，人口多了，消耗的资源多了，排放的污染物也随着增多，工业发展、农业发展也增加资源消耗。针对这种情况，这些指标又相互制约，它们又呈负相关。因此，经济社会系统是一个相互制约的整体，为了方便表达，统记作：Sub Mod($R$，$I$，$A$)。

这里，简单列举针对工业、农业发展一般地区所建立的一个方程组，仅供参考。

$$\left.\begin{aligned}Y_{I1}\leqslant\frac{Y_{Indu}}{P}\leqslant Y_{I2}\\Y_{A1}\leqslant\frac{Y_{Arg}}{P}\leqslant Y_{A2}\end{aligned}\right\}\tag{4-5}$$

式中　$Y_{I1}$、$Y_{I2}$——分别为人均工业产值的下限和上限；

$Y_{A1}$、$Y_{A2}$——分别为人均农业产值的下限和上限；

$Y_{Indu}$——工业产值；

$Y_{Arg}$——农业产值；

$P$——人口总数。

其中，关于不同人均产值上、下限的确定，可以采用预测计算值上下浮动一定比例的方法计算得到，也可以直接采用预测值的计算值，即 $Y_{I1}=Y_{I2}$，$Y_{A1}=Y_{A2}$。本书在塔里木河流域应用实例中计算未来不同年份的结果时采用的均是各指标的预测值。

（7）水资源承载程度指标约束方程 $I\leqslant1$。针对一个区域或一个流域，为了保证经济社会可持续发展和水资源可持续利用，必须要保障经济社会实际规模不大于水资源系统可承载的经济社会规模。从水资源量的角度分析，就是要求总利用水资源量 $W_{Lost}$ 不大于可利用水资源量 $Q_{Can}$，即 $W_{Lost}\leqslant Q_{Can}$。用“水资源承载程度指标 $I$”来表达水资源对经济社会发展已经承受的程度，将以上论述定量表达为

$$I=\frac{W_{Lost}}{Q_{Can}},I\leqslant1$$

这是水资源动态承载力计算的基本方程之一，也是其基本要求条件之一。

(8) 生态与环境控制目标约束方程 Inequations($W_s$, $C_s$)。分析水资源动态承载力的概念和内涵，“维持生态系统良性循环”是其重要目标之一，因此，在该模型中必然要包含有能表征该目标的方程。由于问题本身的复杂性，所建立的模型往往不止一个方程，而是一组方程，统记作 Inequations ($W_s$, $C_s$)。

如考虑污染物总量控制、污染物浓度控制、河流生态基流控制，可以建立以下方程：

$$\left.\begin{array}{l} Q_m C_m \leqslant W_s(\text{污染物总量控制}) \\ C_m \leqslant C_s(\text{水体浓度控制}) \\ Q_m \geqslant Q_s(\text{生态基流控制}) \end{array}\right\} \tag{4-6}$$

式中 $Q_m$——控制断面径流量，$m^3$；

$C_m$——浓度，g/L；

$W_s$——污染物总量控制目标值，kg；

$C_s$——控制断面浓度控制目标值，g/L；

$Q_s$——河流径流量控制最小目标值，$m^3$。

(9) 其他约束。一个水资源优化模型除以上约束条件外，还有一些其他约束条件，如变量非负约束，输水能力、供水能力约束，经济社会某些指标的最低值约束（如人均用水量）等。

## 4.3 模型关键问题及可采取的计算方法

变化环境下水资源动态承载力量化模型既能客观表达历史发展阶段水资源承载力动态演进过程，也能充分反映未来不同气候情景下水资源承载力变化趋势，本书针对变化环境下水资源动态承载力开展研究，既兼顾前者，更侧重于后者。国内外专家学者已经在多个流域或区域开展了气候变化对水文水资源的影响研究，并取得了大量的成果。从已有的研究中可以总结出研究这类问题一般遵循的方法和途径，即在未来变化环境下水资源响应的评价过程中，气候变化情景的选择、水文模型的构建以及大气系统—陆面水资源系统模型耦合是研究中的关键问题。本书在实例研究中采用已有的几种气候情景和气候模式，得到关键的气象因子数据，作为流域水资源系统变化的输入；再基于历史数据采用系统识别方法，构建气象因子与陆面水资源系统之间的输入—输出关系子模型，可以实时计算不同气象因子输入后得到的水资源系统因子输出结果；基于以上数据，再采用自适应系统识别单元模型方法，计算各个关键节点和不同分区的水资源特征值。然后，再基于 PSO－COIM 模型进行计算机模拟计算。本书仅就 PSO－COIM 模型中几个关键问题介绍如下。

### 4.3.1 气候变化情景选择

气候变化情景是建立在一系列科学假设基础之上，对未来世界气候情况进行的合理描述。区域气候变化情景可以通过以下五种方法得到，即任意情景设置法、时间类比法、空间类比法、时间序列分析法和基于全球气候模式（简称 GCMs）的输出方法。目前，全球气候模式是气候变化预估最主要和最有效的工具，基于 GCMs 输出的方法是研究气候变化对水文水资源影响被广泛采用的一种方法。

GCMs 输出一般基于一定温室气体和气溶胶排放情景。此前，IPCC（联合国政府间气候变化专门委员会）先后发展了IS92（1992年）和SRES（2000年）两套排放情景。2011年，Climatic Change出版专刊，详细介绍了新一代的温室气体排放情景“典型浓度路径（简称RCP）”，其首次被应用于IPCC第五次评估报告，主要包括RCP8.5、RCP6.0、RCP4.5和RCP3PD四种情景，如图4-4所示。

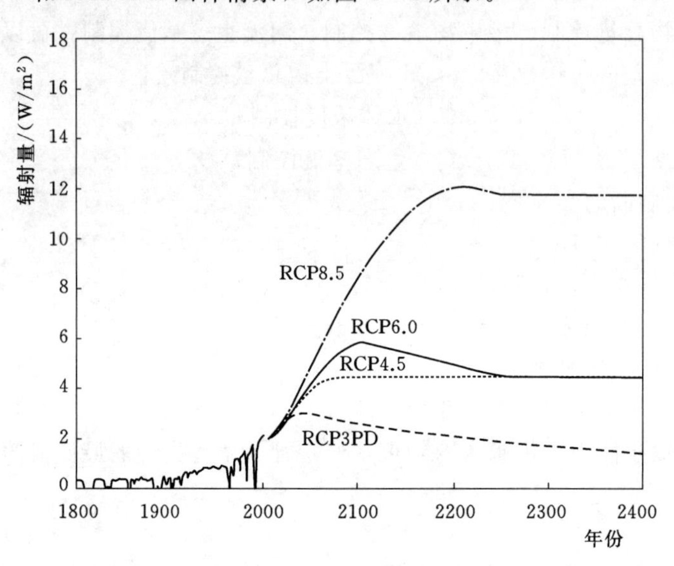


图4-4　RCP四种情景下辐射量随时间变化关系曲线

至今为止，世界上许多国家从事大气科学的研究机构已经研制了互不相同的全球大气环流模式，总量已达40多个。常用的GCMs包括美国国家大气研究中心模式（NCAR）、德国马普气象研究所模式（ECHAM4）、加拿大气象中心模式（CCC）、英国Hadly气候预测与研究中心模式（HADL）以及日本气候科学研究中心模式（CCSR）等。中国科学家也在国外气候模式的基础上发展和建立了自己的气候模式，包括中国科学院大气物理研究所模式（IAP、EAC、GOALS）、国家海洋局模式（NOA）和国家气候中心模式（NCC）等。应当注意的是，由于对全球气候系统的客观认识和资料可靠性的限制，GCMs的输出结果存在较大差异，这也是目前气候模式面临的比较突出的问题。

为更直观、形象和方便地向公众介绍新一代温室气体排放情景RCPs（Representative Concentration Pathways）下未来中国区域气候变化的预估结果，2012年国家气候中心气候变化适应室在中国气象局相关气候变化业务项目的支持下，向相关用户提供CMIP5（The Fifth Phase of The CMIP）全球气候模式和新版的区域气候模式的模拟和预估数据，制作并发布“中国地区气候变化预估数据集”的第三版（简称Versin3.0），提供给从事气候变化影响研究的科研人员使用。

气候变化情景与气候模式选择主要是为水资源动态承载力计算提供背景数据，包括对气候历史、现状的分析和对未来情景的预测。前者主要用于水资源承载力的历史现状分析，本书将主要探讨后者。本书在实例研究中，拟采用Versin3.0版本所提供的模式集合月平均数据集。该数据集网格分辨率为1°×1°，排放情景包括RCP2.6、RCP4.5、RCP8.5三种情景，气候要素为降水、气温，模拟时段为1901—2005年（历史期）和

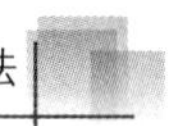

2006—2100 年（未来期）。

### 4.3.2 气象因子与陆面水资源系统之间的输入—输出关系

水循环将地球上的大气圈、水圈、岩石圈和生物圈链接在一起，是大气系统与陆面水资源系统之间的重要纽带。水文模型是模拟量化水资源形成转化关系的重要手段，而水循环理论是研究气象因子与陆面水资源系统之间复杂关系的重要科学基础。

1. 水循环理论

水循环是自然环境中发展演变最活跃的因素，是水资源形成的基础。可以毫不夸张地说，离开了水循环，自然界千差万别的水文现象将会消失。也正是由于水循环作用，使水处在永无止境的循环之中，成为一种可再生的资源。全球水循环时刻都在进行着，它发生的领域主要包括：海洋与陆地之间，陆地与陆地之间，海洋与海洋之间。水循环示意图如图 4－5 所示。

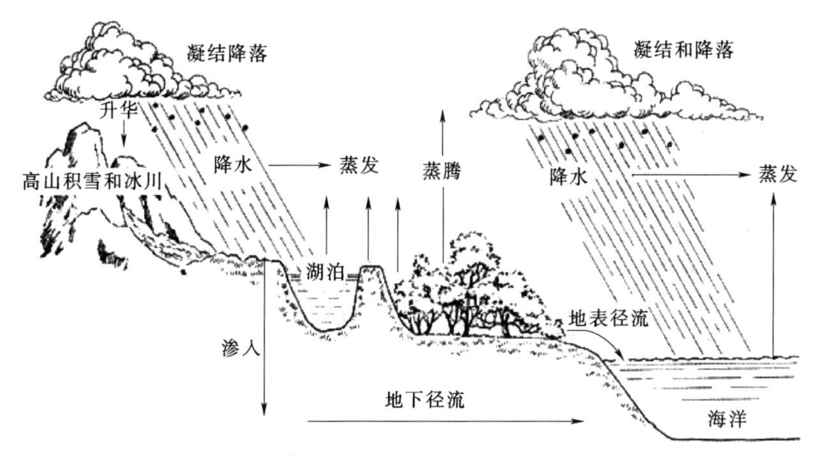


图 4－5　水循环示意图

水循环受全球气候变化的影响比较突出，尤其是大气环流的影响，反过来，水循环的变化又会影响到全球气候的变化。简单分析二者之间的关系：

（1）水循环是大气系统能量的主要传输、储存和转化者，因此，水循环的变化必然会影响到大气系统的变化；反过来，大气系统的变化又导致水循环方式的改变，从而影响水循环。

（2）促成水循环的能量来源主要是太阳辐射能，水体接受太阳辐射能的变化必然会带动水循环的变化；同时，水循环通过对地表太阳辐射能的重新分配，可以使不同纬度热量收支不平衡的矛盾得到缓解，如果水循环发生变化，必然会改变水循环对太阳辐射能的分配作用，从而又影响到气候变化。

（3）水循环的强弱及其路径，还可能会直接影响到各地的天气过程，如极端降水事件的发生；甚至可以决定气候的基本特征，如雨、雪、冰雹、暴风雨等天气现象本身就是水循环的产物。

从系统科学的观点来看，自然水循环可以看作自然水资源系统内部各要素（或环节）相互转化和发展的驱动力。各要素（或环节）之间存在着复杂的相互作用关系，一个要素（或环节）既可以促进其他要素（或环节）向正方向发展，也可以影响其他要素（或环节）向负方向发展。同样的道理，“自然—社会”水循环可以看作“经济社会—水资源—生态环境”复合大系统持续发展的驱动力，水资源持续利用可以被理解为“经济社会—水资源—生态环境”复合大系统持续发展功能的体现。

因此，识别气候条件变化对水文水资源系统的影响作用机理、量化研究水资源系统对气候变化的响应，是研究变化环境下水资源动态承载力的前提条件，而水循环是开展气候变化对水文水资源系统影响研究的重要科学基础。

2. 水文模型

水文学家试图通过建立水文模型对水文过程进行模拟，以便揭示水文现象及其发展变化规律。因此，水文模型是对自然界中复杂水循环过程（蒸发、降水、下渗、地表径流和地下径流等）的近似描述，是开展水文科学研究的一种重要手段和方法，也是对水循环规律研究和认识的必然结果。

在实际应用中，由于对水文模型的认识和要求在不断变化，还有受不同发展阶段技术条件的限制，以及研究目的、模拟手段和服务对象的不同，不同时期的水文学家研发了数百种水文模型。关于水文模型的研究历程，已从黑箱模型、概念性模型发展到今天的分布式水文模型。

关于对水文模型的分类，简单说，水文模型可以分为物理模型和形式模型两大类。所谓物理模型，是指一个原型系统的代用系统；形式模型是对原型系统模拟，经过适当概化后的物理或数学方程式，一般为数学模型。

数学模型又可以分为经验模型、概念模型和理论模型。其中，经验模型也叫黑箱模型或输入—输出模型，它不涉及系统内部的物理机制，其参数没有太多的物理意义，例如随机时间序列模型，包括 ARMA 模型等，这类模型往往也能得到很好的模拟结果，常被用于实际的洪水预报、水文设计与规划等。

气候变化和人类活动是黄河流域水资源总量变化的主要因素，气温、降水等要素的变化，容易引起水源区积雪覆盖、冻融关系、蒸发、径流等环境改变，进而引起流域水文事件的时频规律改变和水资源量的变化。考虑到黄河流域水资源系统具有自身的特点，本书在选用水文模型时，未选用对资料要求较多的分布式水文模型，而是拟选用输入—输出模型，用来模拟分析气温、降水量变化与水文要素的相关关系，分析气温和降水对径流的敏感性以及对水文水资源系统的影响程度。

3. ARIMAX 模型

时间序列模型常常被用来研究经济指标的变化规律，ARIMA 模型是研究经济、社会系统中一元时间序列变化规律的有效方法。另外，还有一些专家学者利用 ARIMAX 模型来描述经济、社会系统中多元时间序列的变化规律，但大多数构建的 ARIMAX 模型仅含有一个输入序列。

一般来说，流域水资源系统除有其自身的变化规律外，还会受到气温、降水以及人类活动等其他多个时间序列的影响。仅采用单一时间序列的 ARIMA 模型或者只含有一个输入时间序列的 ARIMAX 模型，将无法很好地表达水资源系统中多元时间序列的变化规律，因此，为了实现计量模型的完整性，有必要建立含有多个输入变量的 ARIMAX

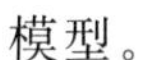

模型。

假设响应序列 $y_t$ 和输入变量序列（即自变量序列）$x_t^{(i)}$ 均平稳，可以构建响应序列和输入变量序列的回归模型：

$$y_t = \sum_{j=0}^{\infty} v_j^{(1)} B^j x_t^{(1)} + \sum_{j=0}^{\infty} v_j^{(2)} B^j x_t^{(2)} + \cdots + \sum_{j=0}^{\infty} v_j^{(k)} B^j x_t^{(k)} + \frac{\theta(B)}{\varphi(B)} a_t \tag{4-7}$$

其中，$\theta(B)=1-\theta_1 B-\cdots-\theta_q B^q$，$\varphi(B)=1-\varphi_1 B-\cdots-\varphi_p B^p$ 称为传递函数模型，$x_t^{(t)}$ 称为输入因子（干预因子），$y_t$ 称为输出因子。

为减少参数个数，通常考虑简化为

$$y_t-\mu=\frac{\theta_1(B)B^{b_1}}{\varphi_1(B)} x_t^{(1)}+\cdots+\frac{\theta_k(B)B^{b_k}}{\varphi_k(B)} x_t^{(k)}+\frac{\theta_i(B)}{\varphi_i(B)} a_t \tag{4-8}$$

其中，$\theta_i(B)=\theta_0^{(i)}-\theta_1^{(i)}B-\cdots-\theta_{q_i}^{(i)}B^{q_i}$，$\varphi_i(B)=\varphi_0^{(i)}-\varphi_1^{(i)}B-\cdots-\varphi_{p_i}^{(i)}B^{p_i}(i=1,\cdots,k)$。

称上述模型为多元时间序列 ARIMAX 模型，又称为带有干预序列的 ARIMA 模型或动态回归模型。这个模型把响应序列表示为随机波动的过去值和其他序列（称为输入序列）过去值的结合。一般将响应序列称为相依序列或输出序列，输入序列称为独立序列或预测因子序列。

### 4.3.3 陆面水资源系统变化模拟

陆面水资源系统是一种复杂的巨系统，涉及水资源系统、经济社会系统和生态环境系统等各个子系统。在陆面水资源系统中，既包括水文循环这样复杂的物理过程，也包含考虑经济社会发展的人文需求，还包括维持和改善生态环境的客观需要。因此对陆面水资源系统的分析通常以数学模型模拟为基础，在明确目的的前提下，分析模拟模型建立和求解的可能性，构建能反映不同方面的需求和相互关联关系的整体框架，进行整体性模拟，也就是集中构建 PSO - COIM 模型中水资源循环转化关系方程 Equations($P$，$E$，$Q$，$W$，$V$)。

在陆面水资源系统框架中，系统模拟是对系统各方面需求的集成反映，同时为后续分析提供数据来源，是从基础工作到决策的桥梁，是整个规划的中枢环节。因此陆面水资源系统模拟需要有效吸纳不同方面的需求信息，完成水文系统、经济社会系统、生态系统各方面数据的综合处理，提供从微观到宏观的分析结果。

陆面水资源系统十分复杂，特别是针对一个面积较大的复杂流域，建立一个模型来模拟水资源变化是十分不易的。本书在实例中拟采用自适应系统识别单元模型（ASIU）方法。左其亭教授针对复杂流域水资源变化模拟这一难点问题，基于单元模型思想，依据水量平衡原理，采用水文系统识别方法，提出了自适应系统识别单元模型（ASIU），并在塔里木河流域进行应用检验。该模型方法具有显著的“自适应”“适用于复杂流域”的优点。

ASIU 模型的构建思路是：先将研究区划分成多个计算单元，单元与单元之间存在水流及相关物质交换；再依据水量平衡原理，采用水文系统识别方法，基于实际资料分别建立流域内各单元水量模型；根据模型集成方法，依照一定的计算顺序和准则，进行所有单元耦合计算，把单元模型耦合集成为全流域水资源系统模型。

本书在实例研究中，拟采用自适应系统识别单元模型方法，划分出灌区计算单元，建立灌区内各计算单元的水量平衡方程，依照上下游关系进行所有单元的耦合计算，模拟灌区陆面水资源系统。

## 4.4　PSO - COIM 模型求解计算

因为约束条件的复杂性，特别是气候模式输出模块、气象因子与陆面水资源系统之间输入—输出关系子模型的嵌入，导致一般情况下所建立的 PSO - COIM 模型非常复杂，甚至无法准确求出最优解。在这种情况下，可以借鉴以往常用的方法，采用计算机模拟技术，进行分步长“数值迭代”计算，优选出一个非劣解，作为最终的计算结果。

### 4.4.1　水资源动态承载能力计算模型的求解方法

本书构建的变化环境下水资源动态承载力量化模型是一个极其复杂的非线性优化模型，直接对该模型求解比较困难。在实际计算时，可以利用两种途径来求解：①采用数值迭代法，逐步求解近似最优解；②采用计算机模拟技术，分方案搜索，寻找出近似最优方案。

数值迭代法的方法步骤如下：

（1）按照承载力量化模型的参数条件，对已知参数赋值。在现状水平年，以现状水平年的实际数据为主要依据；在规划水平年，则可以采用现有的规划数据或通过对历史资料计算分析后预测的数据。

（2）假设初始值 $P_0$、步长 $\Delta P$，计算 $P_1=P_0+\Delta P$。初始值 $P_0$ 和步长 $\Delta P$ 的选择根据研究区域的具体情况确定。本书取塔里木河流域现状人口数的一半作为初始值。

（3）将 $P_0$ 和 $P_1$ 分别代入 $P$ 进行计算，判断 $P_0$ 和 $P_1$ 是否满足约束方程。如果 $P_1$ 满足，令 $P_2=P_1$，$P_3=P_1+\Delta P$；如果 $P_0$ 满足而 $P_1$ 不满足，则采用二分法迭代，即 $P_2=\dfrac{P_1+P_0}{2}$，$P_3=P_1$；如果 $P_0$ 和 $P_1$ 均不满足，则采用反向迭代，即 $P_2=P_0-\Delta P$，$P_3=P_0$，之后与上述步骤相同。

（4）分别用 $P_2$ 和 $P_3$ 代入 $P$ 进行计算，判断 $P_2$ 和 $P_3$ 是否满足约束方程。重复步骤（3）的方法，直到 $|P_{i+1}-P_i|<\varepsilon$，且 $P$ 满足约束方程，得到近似最优解 $P=P_i$。得到的最大值 $P_i$，就是要求的水资源承载力。

水资源承载能力计算——数值迭代法框图如图 4 - 6 所示。

### 4.4.2　水资源动态承载程度的评价

水资源承载力数值通过量化模型计算得到之后，表示的还仅仅是人口数量，还需要和研究区的现状人口数或规划水平年的预测人口数进行对比，才能客观地反映出研究区水资源的承载状态。本书采用了相对简单的方法，即用研究区现状人口总数或规划水平年的预测人口总数与满足水资源承载力人口总数的比值来代表研究区水资源的承载状态，并以水资源承载程度指标 $I$ 来进行描述，计算式为

$$I=\frac{P_s}{P_c} \tag{4-9}$$

式中　$P_s$——某区某时段实际或预测的人口总数；

$P_c$——某区某时段在满足水资源承载力下的人口总数。

水资源承载程度指标 $I$ 可以客观表达水资源对经济社会的发展规模已经承受的程度。

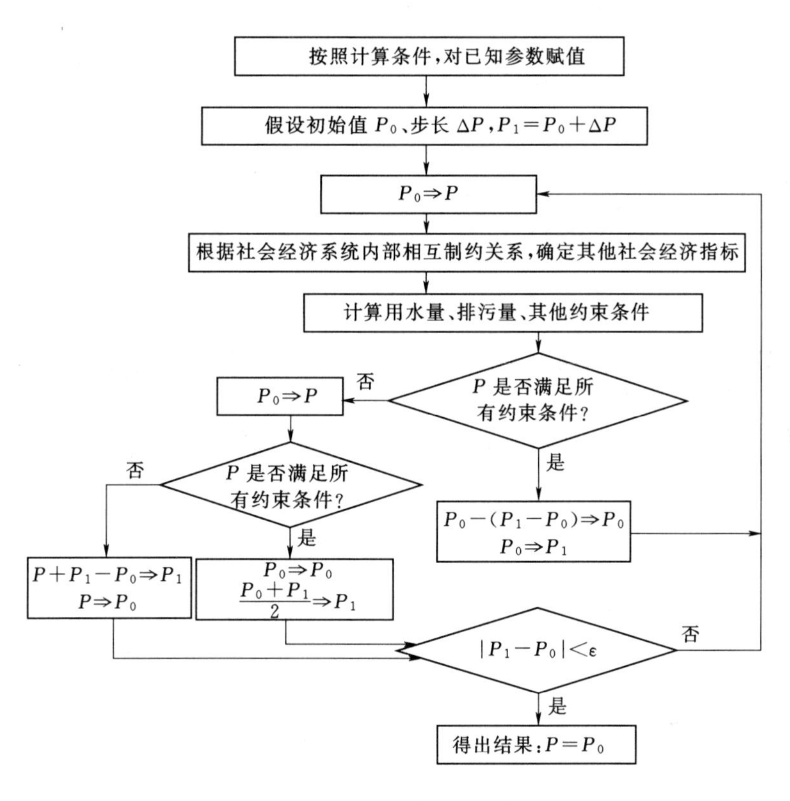


图 4-6 水资源承载能力计算——数值迭代法框图

当 $I>1$ 时，说明研究区经济社会的发展规模已经超出水资源的承载能力，且 $I$ 值越大，超载越严重；当 $I\leqslant 1$ 时，说明研究区经济社会的发展规模在水资源承载力的范围内，$I$ 值越小说明水资源可以支撑经济社会的发展空间越大。根据 $I$ 值的分布区间可以对水资源承载程度等级进行划分，即承受程度等级，见表 4-1。这种划分仅仅是便于定性描述而进行的人为划分。

**表 4-1　　水资源承载程度 *I* 分级标准**

| $I$ 值区间 | $I\leqslant 0.6$ | $0.6<I\leqslant 1.0$ | $1.0<I\leqslant 1.5$ | $1.5<I\leqslant 2$ | $I>2$ |
|---|---|---|---|---|---|
| 承载程度等级 | 完全可承载 | 可承载 | 轻度超载 | 中度超载 | 重度超载 |

本书在实例研究中，分别计算了历史发展阶段灌区水资源动态承载度，并绘制其分区图，为灌区水资源综合管理提供参考。

# 第5章

# 变化环境下引黄灌区水资源承载力分析及水安全评价

我国是农业大国，农业作为国民经济的基础产业和战略产业，是国家和地区经济发展所依赖的基础，农业生产与农业经济是国家稳定的重要保证，农业生产的发展对于社会经济能否持续发展具有决定性的意义。

随着社会和经济的发展，越来越多的因素制约着农业生产的发展，尤其是有着“农业生产命脉”之称的水资源。水资源短缺已成为制约农业和农村经济持续稳定发展、危及粮食安全的重要因素之一。

河南省是全国第一农业大省、第一产粮大省和第一粮食转化加工大省。根据《国家粮食战略工程河南粮食核心区建设规划》以及《河南省粮食生产核心区建设规划（2008—2020年）》的总体建设目标：截至2020年，粮食生产核心区粮食生产能力达到6500万t。

黄河作为中华民族的母亲河，对促进河南省沿河各城市更快、更好地发展发挥着巨大的作用。同时河南省大部分灌区位于水资源短缺地区，水资源严重不足，制约着该区域农业生产和农村经济的持续稳定发展。

因此，恢复、扩建原有引黄灌区，积极倡导节水灌溉，合理高效利用灌区多种水资源，对实现河南省6500万t的粮食生产能力及农业健康可持续发展是十分必要的。在此基础上，本书对典型引黄灌区进行具体实践研究。

## 5.1 大功引黄灌区基本情况

大功引黄灌区位于河南省黄河以北的豫北平原，是河南省大型引黄灌区之一。灌区跨黄河、海河两大流域，主要涉及金堤河、天然文岩渠以及卫河。灌区南部以黄河大堤为界，东部以金堤河支流黄庄河为界，西部以大功总干渠回灌边缘为界，北部以卫河为界，涉及新乡市的封丘县、长垣县，安阳市的滑县、内黄县以及鹤壁市的浚县。

大功引黄灌区始建于1958年，1962年停灌，1992年恢复灌溉。目前共建成总干渠1条、分干渠3条、支渠102条；建有桥梁、涵闸共240座。灌区为多门口引水，现有顺河街、三姓庄、东大功3个引水口门，3个引水口门在大功引黄灌区首闸——红旗闸处汇合。

大功引黄灌区属暖温带大陆性季风型气候，四季分明，冬寒夏热，秋凉春早。灌区范围内降水年际变化较大，年内分配不均，不易利用。年平均蒸发量为1921.5mm，6月蒸发量最大，达到322.8mm；1月和12月蒸发量最小，仅为60mm。蒸发量大于降水量，尤以冬春最为明显。因土壤水分大量外逸，土壤含水量减少，是该地区常年干旱的原因之一。

大功引黄灌区作物主要有小麦、水稻、玉米，间作花生、谷子、豆类、棉花、芝麻、红薯等。由于引黄灌溉逐年发展，农业产量迅速上升，灌区内乡乡通公路、村村通汽车，交通运输十分便利，促进了农业生产和农村经济的发展。大功引黄灌区总体规划见表5-1。

**表5-1　　大功引黄灌区总体规划表**

| 行政区域 | | 灌溉面积/万亩 | 干渠 | |
|---|---|---|---|---|
| 市 | 县 | | 数量/条 | 长度/km |
| 新乡市 | 封丘县 | 65 | 6 | 83.1 |
| | 长垣县 | 44 | 3 | 73.7 |
| 安阳市 | 滑县 | 100 | 9 | 210.5 |
| | 内黄县 | 44 | 7 | 69.6 |
| 鹤壁市 | 浚县 | 31 | 1 | 15.0 |
| 总计 | | 284 | 26 | 446.9 |

### 5.1.1 灌溉水利工程运行现状

1. 渠首工程

灌区渠首工程位于封丘县境内，沿黄河共布置有3座防沙闸和3条引水渠。3座防沙闸依次为顺河街防沙闸、三姓庄防沙闸和东大功防沙闸；黄河水经3条引水渠在红旗闸前交汇，并经红旗闸、沉沙池进水闸流入大功引黄灌区总干渠，向下游输水，见表5-2。

**表5-2　　大功引黄灌区总干渠渠首主要建筑物统计表**

| 名称 | 行政区域 | 建筑物特性 | | | | |
|---|---|---|---|---|---|---|
| | | 设计流量/($m^3 \cdot s^{-1}$) | 引渠长度/km | 引渠比降 | 距离红旗闸/km | 闸底高程/m |
| 顺河街防沙闸 | 封丘县 | 25 | 14.0 | 1/3500 | 12 | 78.10 |
| 三姓庄防沙闸 | | 40 | 5.0 | 1/4000 | 3 | 75.65 |
| 东大功防沙闸 | | 70 | 4.8 | 1/5000 | 4 | 74.80 |
| 红旗闸 | | 70 | — | — | — | 73.61 |

2. 总干渠

红旗闸下接总干渠，向东北与天然渠平行前行，在张光村南约1km处转弯向北，在张光村处穿天然渠，张光村以下利用老红旗干渠改建作为总干渠，穿文岩渠、太行堤进入长垣县境内，继续向北穿新荷铁路进入滑县境内至滑县县城八一闸，过八一闸汇入金堤河，由金堤河北上汇入硝河，进入内黄境内，经过改建扩建硝河，使硝河成为总干渠的一部分，新大功引黄灌区总干渠全长 162.49km，沿线建筑物共 379 座。大功引黄灌区总干渠沿线主要建筑物特性详见表 5－3。

**表 5－3　　　大功引黄灌区总干渠沿线主要建筑物特性表**

| 名　称 | 行政区域 | 所在水系 | 建筑物特性 | | | |
|---|---|---|---|---|---|---|
| | | | 设计流量 /($m^3 \cdot s^{-1}$) | 孔数 | (宽×高) /(m×m) | 闸底高程 /m |
| 张光上节制闸 | 封丘县 | 大功总干渠 | 70 | 3 | 3×3.2 | 66.60 |
| 天然渠排涝闸 | | 天然渠 | 125 | 7 | 4×3.5 | 64.72 |
| 张光下节制闸 | | 大功总干渠 | 120 | 4 | 4×3.5 | 64.12 |
| 裴固上节制闸 | | | 120 | 3 | 4.5×3.5 | 62.70 |
| 文岩渠排涝闸 | | 文岩渠 | 306 | 11 | 4.5×3.5 | 62.26 |
| 裴固下节制闸 | | 大功总干渠 | 120 | 4 | 4.5×3.5 | 62.26 |
| 太行堤节制闸 | 长垣县 | | 120 | 4 | 3.5×4 | 61.50 |
| 滑县八一闸 | 滑县 | | 40 | 5 | 3×2.5 | |
| 退水渠进口闸 | | 大卫调节渠 | 40 | 2 | 4.5×3.5 | 56.33 |
| 退水渠防洪闸 | | | 40 | 2 | 4×3.5 | 56.18 |
| 总干拦河闸 | | 金堤河 | 129 | 6 | 4×3.5 | 50.46 |
| 总干渠进水涵闸 | | 总干渠 | 20 | 2 | 3×2.5 | 50.36 |
| 硝河防洪闸 | 内黄县 | 硝河 | 126 | 8 | 4.×3.5 | 47.40 |

3. 封丘县境内灌溉水利工程

封丘县境内设计灌溉面积 65 万亩，为自流灌溉，干渠共 6 条，分别是东干渠、西一干渠、西二干渠、新一干渠、新二干渠、新三干渠，总长 83.14km，共布置支渠 45 条。

封丘县东干渠为老大功干渠，由大功渠首闸沿黄河大堤北向东至陈桥乡三合头村西向北拐弯，至曹岗乡程马牧村南结束，全长 20.58km，干渠设计流量 7.9$m^3$/s，下设 11 条支渠，控制灌溉面积 10.95 万亩，其中灌溉水作 4.69 万亩、灌溉旱作 6.26 万亩。西一干渠也为老大功干渠，由大功渠首闸沿黄河大堤向西再向北，过天然渠渡槽顺天然渠北岸与西二干渠汇合后又向北延伸，至章鹿乡丁寨村南结束，全长 19.86km，下设支渠 10 条，灌溉面积 10.6 万亩，其中灌溉水作 3.25 万亩、灌溉旱作 7.35 万亩，干渠设计流量 7.2$m^3$/s。

4. 长垣县境内灌溉水利工程

长垣县境内设计灌溉面积 44 万亩，为灌排结合、提水灌溉。各条干渠均为灌排一条沟，干、支渠（沟）既要灌溉，又承担排水任务。因地形特点，一般由一渠（沟）两闸（进、退水闸）组成，支渠（沟）顺地势布置，灌溉时开启进水闸，关闭退水闸节制水位灌溉，排涝时关闭进水闸，开启退水闸排水。干渠共 3 条，总长 73.66km；干渠下布置有分干渠 3 条、总长 74.34km；支渠 30 条、总长 183.3km。

（1）一干渠：位于县境南部，紧邻太行堤，灌溉面积 21.7 万亩，于总干渠 34＋100

处右岸建进水闸一座，引水流量 8.38m$^3$/s，全长 12.75km。上段设支渠 4 条，下段设分干渠 3 条，总长 74.34km，其中下段一分干渠灌溉面积 4.95 万亩，全长 38.22km，设支渠 5 条；下段二分干渠灌溉面积 6.0 万亩，全长 14.62km，设支渠 6 条；下段三分干渠灌溉面积 5.03 万亩，全长 21.5km，设支渠 3 条。

（2）二干渠：位于县境中部，灌溉面积 6.74 万亩，于总干渠 35＋850 处右岸建有进水闸 1 座，引水流量 2.6m$^3$/s，全长 32.93km，设支渠 4 条，总长 26.6km。

（3）三干渠：位于县境西北部，灌溉面积 13.92 万亩，于总干渠 40＋400 处右岸建有进水闸 1 座，引水流量 5.37m$^3$/s，全长 27.974km，设支渠 7 条，总长 42.2km。

（4）总干辛马支渠：位于县境西南角部，灌溉面积 1.64 万亩，于总干渠 34＋100 处右岸建有进水闸 1 座，引水流量 0.63m$^3$/s，全长 8.2km。

长垣县渠道现状基本完好，在近年来的续建配套建设中，对一些干支渠的上段，承担引水灌溉任务重、排涝任务较轻的渠道进行了防渗衬砌，绝大部分仍为土渠，多年未有治理过；建筑物在近几年进行了部分更新改造和续建配套，但大部分没有改造，损毁较普遍，更新改造与配套任务还很重。

*5. 滑县境内灌溉水利工程*

灌区内设干渠（沟）9 条，分别是瓦岗干渠、高平干渠、柳青干渠、柳里干渠、泥马庙干渠、城关干渠、五干排干渠、贾公干渠和枣村干渠，总长共计 210.45km；分干渠（沟）3 条，分别是上官分干、新庄分干和堤南分干，总长共计 23.83km；支渠（沟）103 条，总长共计 439.14km。其中总干以西 12 条，除长虹渠支渠靠总干退水渠回灌以外，其余 11 条直接从总干引水回灌；另设干斗 17 条，支斗 1007 条。

*6. 内黄县境内灌溉水利工程*

内黄县境内设计灌溉面积 44 万亩，为灌排结合、提水灌溉。干渠有干渠（沟）7 条，干渠总长 69.6km，干渠下布置有支渠（沟）39 条、总长 261.1km。

*7. 浚县境内灌溉水利工程*

浚县境内设计灌溉面积 31 万亩，为灌排结合、提水灌溉。干渠 1 条，分干渠 4 条。渠首设在滑县北关节制闸下游 2.80km 金堤河左岸浚县黎阳镇八里井村东南，浚县干渠引水设计流量 $Q_s$＝12.86m$^3$/s，渠首渠底高程为 54.79m，自渠首 0＋000.00～9＋450.00 处该段的渠道纵坡为 $\frac{1}{15242}$，同地面坡度相适应，干渠渠道底宽采用 2.50m，设计水深为 2.46m，加大水深为 2.72m，衬砌高度为 2.96m，渠道深度为 3.60m；左右岸堤顶宽度均为 3.00m。

### 5.1.2 灌区引黄调蓄水库建设规划

自黄河小浪底水库建成后，由于近年来黄河调水调沙工程的不断实施，黄河下游主河道得到有效冲刷，河床逐年下切，致使引黄口门引水能力逐年下降，加之缺乏必要的引黄调蓄工程，引黄水量指标不能充分利用。为了彻底改变“守着黄河缺水吃”的现状，充分利用黄河水资源，“十二五”期间河南省规划沿黄地区建设 47 处引黄调蓄工程（其中大功引黄灌区 8 处），使引水能力达到国家分配给河南省的 55.4 亿 m$^3$ 的指标；到 2020 年，建成 167 处引黄调蓄工程，引水能力将达 70 亿 m$^3$，其中涉及大功引黄灌区引黄调蓄工程共计 32 处，基本情况详见表 5－4。

**表5-4　　大功引黄灌区引黄调蓄工程基本情况表**

| 序号 | 名　　称 | 行政区域 | 总库容/万 $m^3$ | 调蓄总库容/万 $m^3$ | 年调蓄水量/万 $m^3$ | 水面面积/$km^2$ | 供水对象 |
|---|---|---|---|---|---|---|---|
| 1 | 滑县卫南调蓄工程 | 滑县 | 480 | 440 | 745 | 1.07 | 农业灌溉 |
| 2 | 内黄硝河坡引黄调蓄工程 | 内黄县 | 799 | 727 | 1231 | 1.7 | 农业灌溉、生态水系 |
| 3 | 浚县紫金湖引黄调蓄工程 | 浚县 | 200 | 180 | 205 | 0.8 | 工业、农业灌溉、生态水系 |
| 4 | 长垣三善园引黄调蓄工程 | 长垣县 | 100 | 90 | 162 | 0.23 | 农业灌溉 |
| 5 | 滑县黄龙潭引黄调蓄工程 | 滑县 | 730 | 550 | 931 | 1.4 | 工业、农业灌溉、生态水系 |
| 6 | 内黄大功引黄灌区帝湖调蓄工程 | 内黄县 | 610 | 470 | 796 | 1.2 | 工业、农业灌溉、生态水系、生活 |
| 7 | 滑县吴村引黄调蓄工程 | 滑县 | 770 | 580 | 982 | 1.5 | 工业、农业灌溉、生态水系 |
| 8 | 浚县中鹤调蓄工程 | 浚县 | 150 | 126 | 144 | 0.2 | |
| 9 | 大功引黄调蓄工程 | 封丘县 | 649 | 578 | 1040 | 1.7 | 农业灌溉、生态水系 |
| 10 | 大里薛引黄调蓄工程 | | 12 | 11 | 19 | 0.02 | 农业灌溉 |
| 11 | 王家潭引黄调蓄工程 | 长垣县 | 110 | 98 | 177 | 0.3 | |
| 12 | 蒲城引黄调蓄工程 | | 165 | 147 | 265 | 0.4 | 农业灌溉、生态水系 |
| 13 | 陈桥引黄调蓄工程 | 封丘县 | 264 | 235 | 422 | 0.7 | 农业灌溉 |
| 14 | 于店引黄调蓄工程 | | 184 | 163 | 294 | 0.5 | |
| 15 | 前城引黄调蓄工程 | | 122 | 109 | 196 | 0.3 | |
| 16 | 老鸦张引黄调蓄工程 | | 121 | 109 | 196 | 0.3 | |
| 17 | 陈道引黄调蓄工程 | | 9 | 8 | 14 | 0.02 | |
| 18 | 西韩丘引黄调蓄工程 | | 6 | 5 | 9 | 0.01 | |
| 19 | 留固引黄调蓄工程 | | 31 | 27 | 49 | 0.1 | |
| 20 | 辛店引黄调蓄工程 | | 21 | 19 | 34 | 0.1 | |
| 21 | 耿村引黄调蓄工程 | | 18 | 16 | 29 | 0.1 | |
| 22 | 辛东引黄调蓄工程 | | 43 | 38 | 69 | 0.1 | |
| 23 | 西凡庄引黄调蓄工程 | | 30 | 27 | 49 | 0.1 | |
| 24 | 辛西引黄调蓄工程 | | 21 | 19 | 34 | 0.1 | |
| 25 | 东沙地引黄调蓄工程 | 浚县 | 120 | 108 | 123 | 0.2 | 工业、农业灌溉、生态水系 |
| 26 | 临河坡引黄调蓄工程 | | 220 | 198 | 226 | 0.4 | 农业灌溉 |
| 27 | 迎阳铺引黄调蓄工程 | | 118 | 106 | 121 | 0.2 | |
| 28 | 白寺坡引黄调蓄工程 | | 200 | 180 | 205 | 0.3 | 农业灌溉、生态水系 |
| 29 | 森林公园引黄调蓄工程 | 内黄县 | 453 | 340 | 576 | 0.9 | 工业、农业灌溉、生态水系 |
| 30 | 杏园湖引黄调蓄工程 | | 363 | 230 | 389 | 0.6 | |
| 31 | 沙湖引黄调蓄工程 | | 448 | 360 | 610 | 0.9 | |
| 32 | 郑家庄引黄调蓄工程 | 滑县 | 360 | 300 | 508 | 0.8 | 工业、农业灌溉、生态水系 |
| 合计 | | | 7927 | 6594 | 10850 | 17.3 | |

### 5.1.3 灌区存在问题及研究目标

1. 灌区涵闸引水能力不足、供水保证率低

原大功引黄灌区自1958年开始修建渠道从黄河引水，引水口在封丘县境内，1962年停止灌溉，20世纪80年代封丘县利用红旗闸恢复了东、西干渠。

红旗闸是大功引黄灌区总干渠的主要引水闸门，其三姓庄引水渠、顺河街引水渠和原大功引渠虽然曾先后开挖清淤，一定程度上提升了输水能力，提高了供水保证率，但仍然难以满足灌溉用水。自红旗闸沿大功引黄灌区总干渠至滑县八一闸渠道长80km，设计流量$70m^3/s$，目前实际过水能力为$40m^3/s$，其引水流量远远不及设计流量。内黄县硝河河道宽窄不一，杂草丛生，边坡缺失，废弃农作物秸秆河道内随处可见。

近年来由于引水量有限、渠道部分工程老化失修、渠系配套设施较差、渠道淤积得不到及时清理，以及黄河水量减少、黄河调水调沙导致河床下切使引水口底板高程过高等原因，也影响了渠道的供水能力。在流量低于$500m^3/s$时，大功灌区的顺河街、三姓庄、东大功三个引水口几乎引不到水；流量$1000m^3/s$时，红旗闸引水流量仅能达到设计流量的1/5左右，远远满足不了灌区对水量的需求。

因此，需要解决大功引黄灌区渠首闸的引水问题，提高涵闸引水能力及供水保证率，从而改善供水条件，促进黄河北岸农田灌溉渠道和渠系配套设施的不断完善，促使各个管理机构整修拓展现有引黄取水工程、渠系工程，进而形成引黄灌溉渠系大水网。

2. 灌区地下水超采现象严重

20世纪60年代，全国大力开展水利工程建设开发利用地表水资源；70年代，遭遇连续大旱，灌区地表水不足，开始开发利用地下水资源；90年代，随着社会经济的发展和人口的增长，水资源严重不足导致了地下水的超采。

目前灌区已经形成巨大的地下漏斗区，水资源开发利用程度已超过了90%，高强度的开发导致该地区水资源供需严重失衡。红旗闸现在的引水流量远远满足不了灌区对水量的需求，灌区只能依靠过度开采地下水进行农业灌溉，安阳市内黄县地下水位每年下降0.51m，严重的地方每年下降达1m，超采地下水造成了巨大的地下漏斗。同时由于黄河引水有限，大量工业和生活用水不得不依靠开采地下水，地下水位逐年下降、泉水干枯，亟待通过扩大引黄规模对沿线地区地下水进行有效补源，增加地下水的补给，缓解部分地区地下水下降引起的环境、地质等问题，改善生态环境。

3. 灌区内生态环境亟须改善

灌区部分河道目前几乎无水源，河道主要接纳城市生活污水和部分工业废水。有些河道内的水由于污染而呈暗黑色，河面漂浮青苔，污染严重的地方会发出阵阵恶臭，河道内的水完全丧失使用功能，这也加剧了水资源的短缺。水是城市的血脉，对于城市的生态环境有很好的改善作用，在注重生态文明建设的今天，缺水或水污染都会使城市失去原有的活力，也会影响人们的生活。因此，亟须扩大引黄规模来改善灌区河道的水质状况，改善灌区的生态环境，打造生态良好型灌区。

## 5.2　大功引黄灌区需水分析

### 5.2.1　灌区规划

本研究深入落实《河南省粮食生产核心区建设规划》和《关于国家粮食战略工程河南核心区建设情况的报告》（河南省第十一届省人民代表大会常务委员会第十二次会议）、《河南省国民经济和社会发展第十二个五年规划纲要》《河南省水利发展“十二五”规划》《全国土地利用总体规划纲要（2006—2020年）》〔国发（2012）3号〕以提升引黄灌区粮食生产能力，完善灌区水系建设为目标。按照科学规划、合理布局、优化配置、重点协调的原则进行规划。紧紧围绕粮食安全，控制建设用地总量、切实做好耕地保护工作，确保实现恢复大功引黄灌区设计灌溉面积。

根据河南省国民经济和社会发展总体规划，确定本次规划基准年为2015年，规划年2020年，计划2020年恢复大功引黄灌区设计灌溉面积达到284万亩。

### 5.2.2　灌区农业种植结构

根据调查统计分析，灌区主要以旱作为主，主要种植小麦、玉米、花生、水稻，间作豆类、棉花、芝麻、谷子等。主要作物多年平均产量为小麦600kg/亩、玉米800kg/亩、花生200kg/亩、水稻410kg/亩。

大功引黄灌区旱作区以冬小麦为冬季代表作物，种植比例80%；玉米、棉花代表晚秋作物，种植比例100%，复播指数180%。水作区以冬小麦为冬季作物，种植比例85%，晚稻代表秋季作物，种植比例85%，复种指数170%。

### 5.2.3　设计灌溉保证率

大功引黄灌区地处黄河北岸，多年平均降雨量为550～650mm，属黄淮海平原半湿润缺水区。根据《灌溉与排水工程设计规范》（GB 50288—2012）（以下简称《规范》）的规定，在充分考虑灌区内水土资源、作物种植结构、水文气象、灌区规模、灌水方法、经济效益等因素的情况下，确定灌区灌溉设计保证率统一采用50%。

### 5.2.4　主要作物灌溉制度及用水过程

对灌区作物的需水量、不同作物不同生育阶段对缺水敏感指数及非充分优化灌溉制度的研究结果如下：

（1）大功引黄灌区主要供水对象有安阳市的内黄县和滑县、鹤壁市的浚县、新乡市的封丘县和长垣县，农业灌溉、新乡市工业及生活、乡镇生活及乡镇企业、农村人畜等用水，其中农业灌溉用水量占可利用水量的大部分，大约占78%。

（2）灌区土壤以中壤和轻壤为主，分别占50.7%和27.6%，其余为沙壤、重壤等。灌区内主要农业种植结构：冬作以小麦为代表，占耕地的80%；秋作以棉花、玉米、水稻为代表，分别占耕地面积的15%、32%、19%。全灌区复种指数为1.75。

根据上述试验资料和科研成果，结合理论计算成果，在充分考虑本灌区水文气象条件、水土资源状况、节水模式和灌水技术的基础上，分析计算本灌区50%频率年的水稻灌溉制度见表5-5，其他作物灌溉制度见表5-6。

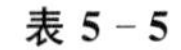

**表 5-5　　水稻灌溉制度**

| 频率年 | 灌水定额/($m^3$·亩$^{-1}$) | 灌水次序 | 灌水时间（月．日—月．日） | 生育期 |
|---|---|---|---|---|
| 50% | 90 | 1 | 6.5—6.14 | 泡田 |
| | 45 | 2 | 6.21—6.28 | 返青 |
| | 45 | 3 | 7.5—7.13 | 分蘖前期 |
| | | | 7.21—7.27 | 分蘖后期 |
| | 50 | 4 | 7.28—8.4 | 拔节 |
| | 50 | 5 | 8.22—8.31 | 抽穗 |
| | 45 | 6 | 9.8—9.15 | 灌浆 |
| | 25 | 7 | 9.20—9.25 | 乳熟 |
| | | | 9.26—10.3 | 落干 |
| 合计 | 350 | 7 | | |

**表 5-6　　其他作物灌溉制度**

| 频率年 | 作物 | 灌溉定额/($m^3$·亩$^{-1}$) | 灌水次序 | 灌水时间（月．日—月．日） | 生长期 | 灌水定额/($m^3$·亩$^{-1}$) |
|---|---|---|---|---|---|---|
| 50% | 小麦 | 90 | 1 | 3.22—3.31 | 返青 | 25 |
| | | | 2 | 4.11—4.20 | 拔节 | 30 |
| | | | 3 | 5.16—5.25 | 灌浆 | 35 |
| | 玉米 | 50 | 1 | 8.1—8.9 | 抽雄 | 30 |
| | | | 2 | 8.21—8.29 | 灌浆 | 20 |
| | 棉花 | 50 | 1 | 5.28—6.4 | 蕾期 | 30 |
| | | | 2 | 7.21—7.28 | 花铃 | 20 |

### 5.2.5 农业灌溉需水量

1. 估算灌区净灌溉需水量

依据不同作物的灌溉制度，调查确定各单元灌区内各种农作物的灌溉面积以及净灌溉定额。灌区的净灌溉需水量$W_{净}$计算式为

$$W_{净}=m_1A_1+m_2A_2+m_3A_3+\cdots+m_iA_i \tag{5-1}$$

式中　$W_{净}$——全灌区净灌溉需水量，$m^3$；

$m$——不同作物的灌水定额，$m^3$/亩；

$A$——不同作物的种植面积，亩。

2. 确定灌溉水利用系数

灌溉水利用系数通常指净灌溉用水量与毛灌溉用水量之比值。其大小与工程配套、防渗措施、用水管理、输水方式等有关。我国部分大中型灌区灌溉利用系数有测验统计数字，一般为0.45～0.6。

根据《国务院关于实行最严格的水资源管理制度的意见》〔国发（2012）3号〕要求：2015年农田灌溉水有效利用系数提高到0.53以上；2020年农田灌溉水有效利用系数提高到0.55以上；2030年农田灌溉水有效利用系数提高到0.6以上。

3. 计算灌区需用地表水灌溉毛水量（从干渠水源引用的地表水）

根据灌区地下水灌溉净需水量 $W_w$，由（$W_净-W_w$）求得地表水灌溉净需水量，再由灌溉水利用系数 $\eta_{地表}$，计算灌区需从干渠水源引用的毛需水量 $W'_r$，即

$$W'_r=\frac{W_净-W_w}{\eta_{地表}} \tag{5-2}$$

式中 $W_w$——地下水灌溉净需水量，$m^3$；

$\eta_{地表}$——地表水灌溉水利用系数，取0.55；

$W'_r$——地表水灌溉毛需水量，$m^3$。

### 5.2.6 灌区需水预测

灌区需水预测主要采用指标分析法，又叫用水定额法，对一种长期的用水发展规律进行分析和预测的方法。根据供水区划，将大功引黄灌区按渠系划分为五大灌水渠段，分别是封丘县渠段、长垣县渠段、滑县渠段、浚县渠段、内黄县渠段。大功引黄灌区水资源调度概化图包括5个计算单元（五大灌水渠段）、26个引水节点（干渠闸门）、4个供水水源（地表水、降雨、地下水、中水）、1个水汇（黄河），如图5-1所示。

1. 农业需水量

灌区现状年总耕地面积18.9万$hm^2$，有效灌溉面积9.26万$hm^2$，粮食作物灌溉面积9.73万$hm^2$、蔬菜灌溉面积0.71万$hm^2$，棉、油、糖等其他经济作物灌溉面积7.2万$hm^2$，果林灌溉面积0.29万$hm^2$，复种指数1.75。为简化多水源优化调配模型，降低求解难度，本次农业需水预测主要考虑研究区主要的两种作物（冬小麦和玉米）。根据研究区已有的研究成果，结合其他区域冬小麦和玉米需水量实验成果，农业需水量详见表5-7。

**表5-7　农业需水量表**　单位：万$m^3$

| 作物 | 生育期 | 封丘县渠段 | 长垣县渠段 | 滑县渠段 | 内黄县渠段 | 浚县渠段 |
|---|---|---|---|---|---|---|
| 冬小麦 | 播种—越冬 | 1026 | 858 | 1838 | 1093 | 919 |
| | 越冬—返青 | 400 | 334 | 716 | 426 | 358 |
| | 返青—拔节 | 1060 | 886 | 1898 | 1128 | 949 |
| | 拔节—抽穗 | 5165 | 4317 | 9250 | 5499 | 4625 |
| | 抽穗—成熟 | 2912 | 2433 | 5215 | 3100 | 2607 |
| | 全生育期 | 10563 | 8828 | 18917 | 11246 | 9458 |
| 玉米 | 播种—拔节 | 2068 | 1729 | 3705 | 2202 | 1853 |
| | 拔节—抽穗 | 2231 | 1865 | 3996 | 2375 | 1998 |
| | 抽穗—灌浆 | 2652 | 2217 | 4751 | 2824 | 2375 |
| | 灌浆—乳熟 | 1829 | 1528 | 3275 | 1947 | 1638 |
| | 乳熟—收获 | 757 | 633 | 1356 | 806 | 678 |
| | 全生育期 | 9537 | 7972 | 17083 | 10154 | 8542 |
| 总需水量 | | 20100 | 16800 | 36000 | 21400 | 18000 |

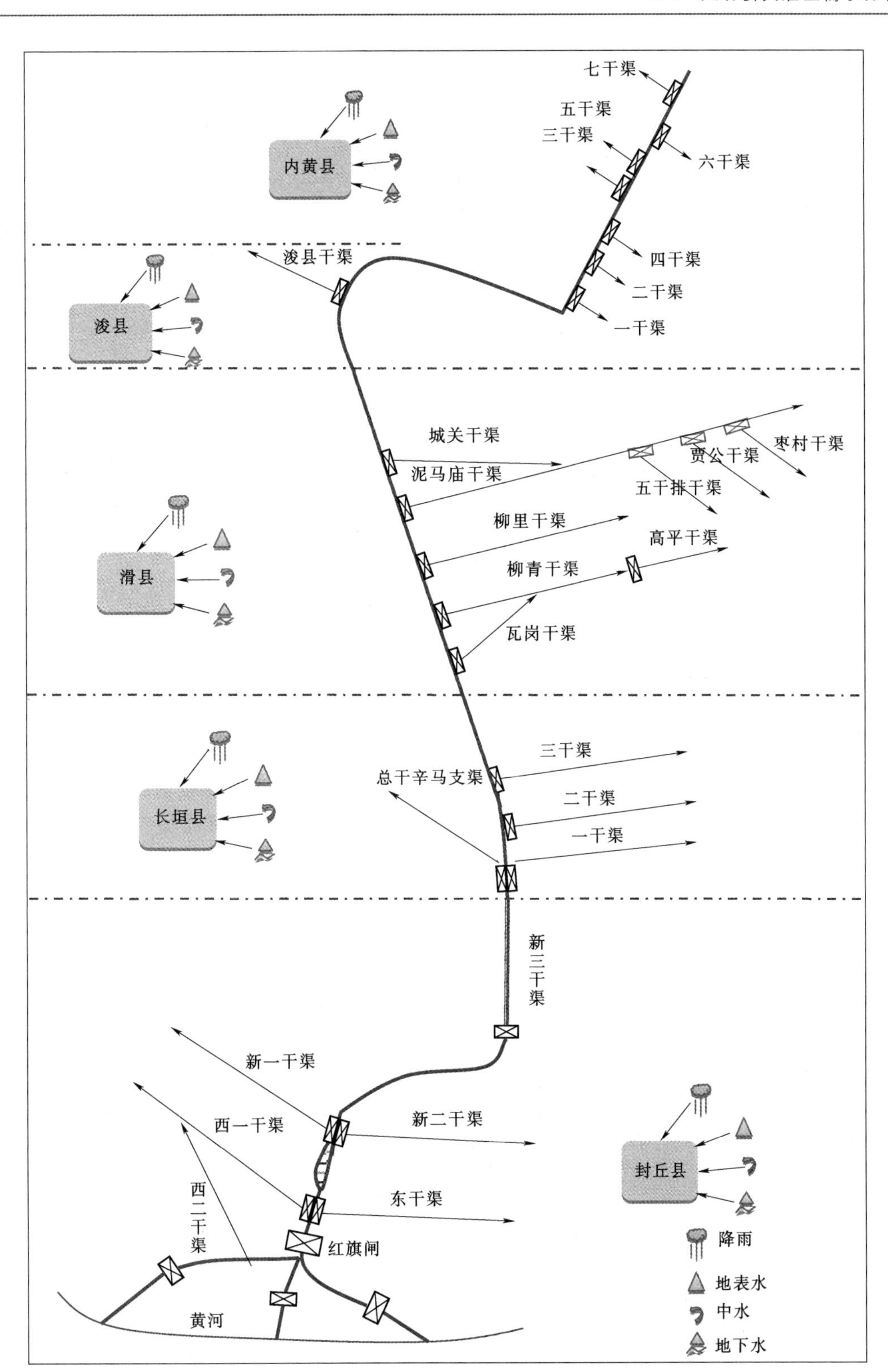


图 5-1 大功引黄灌区水资源调度概化图

2. 生活需水量

根据灌区所涉各区水资源公报，2015年灌区总人口448.56万人，其中城镇人口187.17万人、农村人口261.39万人，城镇生活用水量4900万$m^3$，农村生活用水量6500万$m^3$，林牧渔用水量4700万$m^3$，生活需水量以此作为统计数据，详见表5-8。

**表5-8　　生活需水量表　　单位：万$m^3$**

| 类别 | 封丘县渠段 | 长垣县渠段 | 滑县渠段 | 内黄县渠段 | 浚县渠段 | 小计 |
|---|---|---|---|---|---|---|
| 城镇生活用水量 | 900 | 1200 | 900 | 800 | 1100 | 4900 |
| 农村生活用水量 | 1400 | 1400 | 1500 | 900 | 1300 | 6500 |
| 林牧渔用水量 | 700 | 900 | 600 | 1000 | 1500 | 4700 |
| 生活需水量 | 3000 | 3500 | 3000 | 2700 | 3900 | 16100 |

3. 工业需水量

工业用水定额采用了年均递减率的方法确定。根据区内现状工业结构、节水水平和未来科技进步、社会发展及水重复利用率的提高，预测工业用水定额从现状的100$m^3$/万元，详见表5-9。

**表5-9　　工业需水量表　　单位：万$m^3$**

| 类别 | 封丘县渠段 | 长垣县渠段 | 滑县渠段 | 内黄县渠段 | 浚县渠段 | 小计 |
|---|---|---|---|---|---|---|
| 工业需水量 | 1400 | 4100 | 2200 | 1500 | 900 | 10100 |

4. 生态需水量

本次研究认为灌区的生态环境需水量包括河流基本生态环境需水量和城镇绿化需水量，河道内河流最小生态环境需水量是河道基流量，采用多年平均年径流百分数估算河流最小生态环境需水量，多年平均年径流百分数取值为15%，由于河道基流量已从地表水可利用量中扣除，无须单独计算。

城镇绿化需水量采用定额法预测，参照《新乡市国民经济和社会发展十一五规划纲要》，人均绿化面积和需水定额见表5-10，由计算结果可知。

**表5-10　　生态需水量表　　单位：万$m^3$**

| 类别 | 封丘县渠段 | 长垣县渠段 | 滑县渠段 | 内黄县渠段 | 浚县渠段 | 小计 |
|---|---|---|---|---|---|---|
| 生态需水量 | 200 | 200 | 1600 | 1000 | 500 | 3500 |

综合以上分析，灌区总需水量为142000万$m^3$，见表5-11。灌区以农业需水为主，其次为工业需水、居民生活需水及生态需水。

**表5-11　　灌区总量需水表　　单位：万$m^3$**

| 各项需水量 | 封丘县渠段 | 长垣县渠段 | 滑县渠段 | 内黄县渠段 | 浚县渠段 | 小计 |
|---|---|---|---|---|---|---|
| 农业需水量 | 20100 | 16800 | 36000 | 21400 | 18000 | 112300 |
| 生活需水量 | 3000 | 3500 | 3000 | 2700 | 3900 | 16100 |
| 工业需水量 | 1400 | 4100 | 2200 | 1500 | 900 | 10100 |
| 生态需水量 | 200 | 200 | 1600 | 1000 | 500 | 3500 |
| 合计 | 24700 | 24600 | 42800 | 26600 | 23300 | 142000 |

## 5.3 大功引黄灌区灌溉水源概况

灌区水源主要有地表水、地下水和外调水（以黄河水为主）。

1. 地表水

降雨是灌区地表水资源的一个主要来源。灌区自开灌以来就有详细的降雨资料，多年平均降雨量不足600mm。单从水量上来看，有效降雨量并不能满足农田需水量的要求，还必须引黄河水和利用地下水。

2. 地下水

大功引黄灌区地下水主要以降雨入渗和灌溉入渗补给为主。

3. 外调水

灌区引水量除受工程本身引水能力限制外，主要受黄河水来水流量大小及含沙量的影响。灌区工程年引水能力1.83亿$m^3$。据资料统计，2011—2017年间，年平均引黄河水量0.79亿$m^3$。但近几年黄河水资源利用实行以供定需原则，灌区引黄水量受到极大限制，实际年平均引水量只占计划引水量的43%，灌区供水形势十分严峻。

### 5.3.1 灌溉方式及工程管理

1. 灌溉方式

大功引黄灌区的自然地理和水文地质条件适合井渠结合灌溉，井渠结合地表水与地下水联合运用，是合理利用水资源的有效途径。引黄灌区骨干工程由专业管理机构管理，放水时间，放水量容易控制；农用机井一般由村或农民自行管理，井灌不容易控制。在有渠水时，农民一般更愿意使用渠水灌溉。目前，井渠结合灌溉还处于自由调控阶段，若要实现井渠统一调度存在着一定困难，短期内难以实现。以渠控井的方式较为可行：在适宜渠灌时，多放水；在适宜井灌时，少放水或者是不放水，促使农民采用井灌。

2. 灌区灌溉地下水源水质评价

大功引黄灌区灌溉地下水利用主要集中在农业灌溉和农村生活、乡镇企业工业用水。

一般来讲，地下水矿化度小于2g/L对作物生长无害；当矿化度在2～3.5g/L时，如用于灌溉，则应采取相应的农业技术；当矿化度大于5g/L时，一般不能用于灌溉。根据研究可知，大功引黄灌区的地下水质基本满足灌溉。

3. 灌区灌溉地下水可开采量调配计算

对灌区灌溉地下水可开采量的计算，本书选用可开采系数法，依据不同频率年的地下水补给量和地下水以丰补歉的特性，即非汛期适当开采，汛期多开采，枯水年多开采，平水年、丰水年适当开采的原则选取开采系数。

### 5.3.2 灌区可供水水资源量

黄河是大功引黄灌区唯一的地上自然水源。灌区引水量除受工程本身引水能力限制外，主要受黄河来水流量大小及含沙量的影响。

1. 灌区灌溉引黄水质状况

近年来黄河流域年排放污水47亿～48亿t，绝大部分未经处理，直接流入黄河，黄河水质受到了严重影响。从潼关进入河南省的黄河水质为Ⅴ类，三门峡断面为Ⅳ类，流经小浪底的为Ⅲ类，花园口以下河段的为Ⅳ类。大功引黄灌区渠首位于封丘县境内，沿黄河共布置有3座防沙闸和3条引水渠，经红旗闸、沉沙池进水闸流入大功总干渠，所引黄河水水质介于Ⅲ类水与Ⅳ类水之间。

渠首黄河水矿化度为563.7～717.5mg/L，平均矿化度为621.8mg/L。从矿化度来看，渠首黄河水质良好。灌溉期间，引水流量在$20m^3/s$以上，$COD_{Cr}$、$BOD_5$、高锰酸盐指数、非离子氨、挥发酚5项主要指标均达到灌溉水质标准。综上所述，大功引黄灌区灌溉水质均能达标。

2. 灌区灌溉引黄水源多年平均水资源计算

2015年大功引黄灌区可供水水资源量及外调水资源总量为11.57亿$m^3$，其中多年平均地表水资源可利用量为1.24亿$m^3$、地下水资源可开采量为7.28亿$m^3$、外调水资源量为3.05亿$m^3$。其中，引黄水量为1.097亿$m^3$，占外调水36%。地下水资源供水量大于地表水资源供水量，占总供水量62.9%。

2015年滑县可供水量为3.53亿$m^3$，内黄县可供水量为1.87亿$m^3$，封丘县可供水量为2.33亿$m^3$，长垣县可供水量为2.61亿$m^3$，浚县可供水量为1.22亿$m^3$。由表5-12和图5-2可知，灌区各渠段供水除引黄水外，主要以开采地下水为主，地表水资源占比较小。

**表5-12　大功引黄灌区可供水水资源量**　单位：亿$m^3$

| 行政区域 | | 多年平均水资源量 | | 外调水资源量 | 小计 |
|---|---|---|---|---|---|
| | | 地表水可利用量 | 地下水可开采量 | | |
| 安阳市 | 滑县 | 0.21 | 2.71 | 0.61 | 3.53 |
| | 内黄县 | 0.32 | 1.30 | 0.26 | 1.88 |
| 新乡市 | 封丘县 | 0.25 | 1.27 | 0.81 | 2.33 |
| | 长垣县 | 0.25 | 1.13 | 1.23 | 2.61 |
| 鹤壁市 | 浚县 | 0.21 | 0.87 | 0.14 | 1.22 |
| 合计 | | 1.24 | 7.28 | 3.05 | 11.57 |

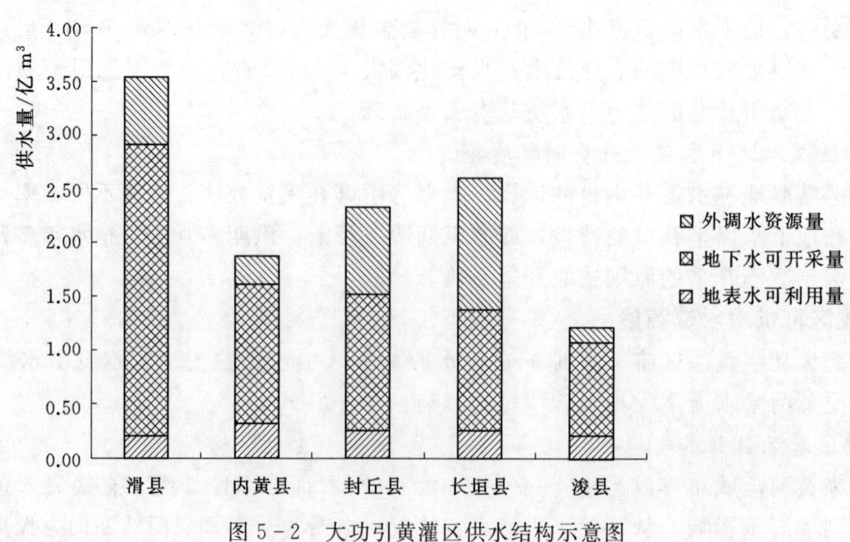

图5-2　大功引黄灌区供水结构示意图

## 5.4 大功引黄灌区水资源承载力分析计算

### 5.4.1 生态型灌区水资源承载力基础理论

生态型灌区是以生态文明建设和经济社会协调发展为基础的复合型生态系统，灌区生态系统健全、功能完善、效益显著及资源利用率高，具有先进的生产力水平。生态型灌区建设的目的是为了优化农业生产结构、改善人居环境质量、修复脆弱的生态系统，使整个灌区生态系统持续稳定发展，并形成良性循环。生态型灌区水资源承载力是基于变化环境和人类活动的影响，在特定发展阶段，以可持续发展为原则，以促进生态环境良性循环为前提，把经济和社会的发展与现代技术相融合，在满足水资源合理配置和高效利用的条件下，水资源支撑社会经济系统可持续发展的能力。

1. 生态型灌区水资源承载力概念

生态型灌区是一个具有社会性质的开放性生态系统，依赖于自然环境提供的光、热、土壤资源以及人工选择的作物和种植作物的比例，是一个半人工复合生态系统。生态型灌区水资源承载力是指基于变化环境和人类活动的影响，在特定时期的不同时间段中，灌区水资源系统能够维系生态系统良性循环并支撑最大经济社会发展规模的能力。水资源承载力是水资源安全的基本度量，是衡量区域可持续发展的重要指标。科学评估灌区水资源承载力可以更好地认识水资源系统在灌区经济社会发展中的支撑作用，有助于了解人口、资源和生态环境的关系，促进灌区水资源的可持续发展和良性循环。

2. 灌区水资源承载力内涵

生态型灌区“经济社会—水资源—生态环境”复合系统由农业生态系统、沟渠与河湖生态系统和林草生态系统组成，其中：农业生态系统主要通过优化灌区作物生产方式及生产结构，提升产品质量，同时进行气候调节、土壤保持、水养循环及贮存，使人民生活质量得到改善；沟渠与河湖生态系统主要由输水、储水、排水三部分组成，其作用是使灌区内外水系相通，水质得到净化；林草生态系统主要由灌木、乔木、草地、动植物要素组成，主要承担涵养水源、调节气候、土壤保持的功能。在该复合系统中，经济社会、水资源、生态环境之间相互联系、相互协调、密不可分，构成有机的整体。经济社会发展中所需的生态环境资源由水资源系统和生态环境系统所提供，水资源系统对经济社会系统和生态环境系统起着支撑作用。经济社会系统对水资源系统和生态环境系统具有双重作用：①通过消耗资源、排放污染，使水资源和生态环境遭受破坏，降低其承载力；②通过社会的快速发展，不断产生许多治理环境污染的技术与措施，对水资源和生态环境进行一定程度的恢复补偿，从而提高其承载力。这个复合生态系统中的所有生命元素都依水而生，对水资源的量变和质变非常敏感，因此水资源不仅是农业生产的重要资源，而且是生态环境的重要控制因素。生态型灌区“经济社会—水资源—生态环境”复合系统示意图如图5-3所示。

3. 生态型灌区特点

生态型灌区水资源系统以农业产量增产为主，同时承担灌区内水安全、水生态环境协调发展的任务。其基本特点表现为：

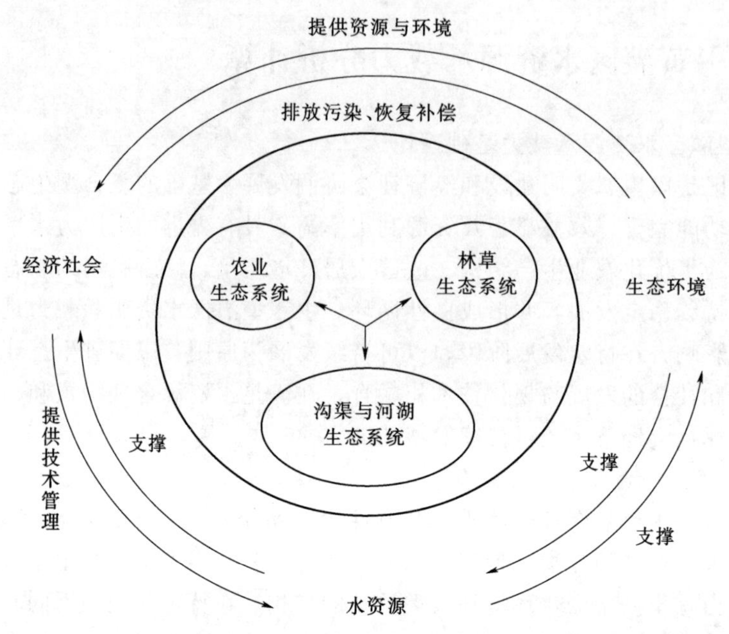


图5-3 生态型灌区“经济社会—水资源—生态环境”复合系统示意图

(1) 现代性。灌区建设过程中将社会经济发展与现代技术相融合，强化灌区信息化建设，实现灌区的综合管理规划。

(2) 发展性。灌区的建设和发展是一个动态演变过程，管理机制和管理能力逐步实现现代化，各方面的发展能够与时俱进，具备先进的社会生产力。

(3) 协调性。生态型灌区建设可以很好地促进资源开发利用与生态环境保护之间的关系，使生态型灌区优势得到最大化体现。

4. 生态型灌区水资源承载力影响因素

经济社会的发展对水资源系统的影响逐渐增强，原有的自然水资源系统循环被破坏，水循环过程已经从“自然”一元驱动过渡到“自然—人工”二元水循环。水资源形成和时空分布受经济社会发展影响显著，当人水矛盾产生时，可以通过采取技术手段干预，使水资源问题得到有效解决，并使水资源系统的循环再次适应经济社会的发展。过去在灌区建设和运行方面，各地对水资源的开发利用和管理方面不够重视，灌区生态系统功能恶化，致使我国农业生态经济的可持续发展受到影响。影响水资源承载力的主要因素有：①水资源系统本质特征；②人类活动能力及意识形态；③定义“是否可承载”的目标差异。

生态型灌区建设没有统一化的标准，建设时需要考虑到当地的生态环境现状、社会经济发展情况、灌区工程建设和管理水平、可持续发展等。主要影响因素有：

(1) 生态环境现状。全球气候变暖导致植株蒸散发量增加，作物需水量也随之上涨，加之农田对化肥等养料的使用对地下水体和灌区河湖水造成不同程度的污染。生态型灌区的建设与可持续发展，生态环境因素起到决定性作用。

(2) 社会经济发展情况。灌区生产力水平影响着灌区经济发展和社会效益，同时关系到灌区内人民生活水平和幸福感的上升。

（3）灌区工程建设和管理水平。工程设施的建设和管理影响着灌区水资源利用效率及建设生态型灌区的基础工作，完备的灌区工程设施和高质量的灌溉管理可以在提高灌区粮食生产的同时有效排除灌区安全隐患。

（4）可持续发展。生态型灌区生产和发展的可持续性是灌区建设的初心，生态型灌区的建设有效促进“经济社会—水资源—生态环境”复合大系统实现良性的循环发展。

5. 生态型灌区水资源承载力计算方法

目前常用的水资源承载力评价方法有：①经验公式法是通过量纲原理推导总结得到的公式，一般来源于生产实践，特点是计算简单、便于推广应用，但是对资源、经济社会之间的联系考虑较少；②综合评价法是利用单一指标或多指标反映区域水资源状况或阈值的评价方法，基本思路是通过选定的指标和评价标准进行计算，然后根据计算值进行承载力综合评价，缺点是指标选择难以统一、评价标准难以确定；③系统分析法综合考虑水资源承载力的主体和客体，方法主要包含系统动力学法、优化模型法和控制目标反推模型法，优点是考虑了“经济社会—水资源—生态环境”的复杂性和系统性，不足是计算方法复杂、过程烦琐、难以推广应用，水资源系统模拟和建模存在不足，纳入统一模型比较困难。

### 5.4.2 生态型灌区水资源承载力评价方法和评价模型

1. 模糊集对分析法

1989年，我国学者赵克勤基于哲学中的对立统一和普遍联系的观点提出了集对分析理论。该理论的核心思想是对不确定性系统的两个有关联的集合构建集对，再对集对的特性做同一性、差异性和对立性分析，然后建立集对的同异反联系度。评价生态型灌区水资源承载力，实际上是具有确定性的评价标准与不确定性的评价因子权重相结合的决策过程，在处理水循环系统中确定与不确定性问题时可以采用模糊集对分析评价模型。为充分考虑等级标准边界的模糊性和各评价指标的影响力，对一般集对分析改进后提出模糊集对分析法（Fuzzy Set Pair Analysis Assessment Method），简称FSPAAM法。较一般集对分析而言，模糊集对分析法综合考虑了等级边界的模糊性，对所选特征性指标进行权重计算，使得计算结果更加准确，客观性更强。

模糊集对评价模型：

从系统性和代表性的角度选择水文水资源系统评价指标体系并确定等级评价标准，具体评价过程如下：

（1）构建评价指标体系。分析影响灌区发展的因素，建立生态型灌区水资源承载力评价指标体系 $x_i(i=1,2,3,\cdots,m$；$m$ 为评价指标数）。

（2）建立评价等级标准。确定评价等级标准有标准法、参考法、专家判断法，根据研究区实际情况，综合考虑确定生态型灌区水资源承载力评价等级标准 $s_k(k=1,2,3,\cdots,k$；$k$ 为评价等级数）。

（3）构造集对计算联系度。将评价样本第 $i$ 指标值 $x_i(i=1,2,3,\cdots,m)$ 看成一个集合，第 $k$ 级等级标准看成集合 $B_k$，则 $A_i$ 和 $B_k$ 构成一个集对 $H(A_i, B_k)$。为了提高评价结果的分辨率，评价时将 $B_k$ 视为1级评价标准构成的集合 $B_1$，由式（5-3）和式（5-4）计算模糊联系度。

模糊联系度计算式如下：

1）反向指标（越小越优指标），当 $k>2$ 时集对的 $k$ 元联系度为

$$\mu_{A_i\sim B_1}=\begin{cases}1+0I_1+0I_2+\cdots+0I_{k-2}+0J & x_i\leqslant s_1\\ \dfrac{s_1+s_2-2x_i}{s_2-s_1}+\dfrac{2x_i-2s_1}{s_2-s_1}I_1+0I_2+\cdots+0I_{k-2}+0J & s_1<x_i\leqslant\dfrac{s_1+s_2}{2}\\ 0+\dfrac{s_2+s_3-2x_i}{s_3-s_1}I_1+\dfrac{2x_i-s_1-s_2}{s_3-s_1}I_2+\cdots+0I_{k-2}+0J & \dfrac{s_1+s_2}{2}<x_i\leqslant\dfrac{s_2+s_3}{2}\\ \vdots & \\ 0+0I_1+\cdots+\dfrac{2s_{k-1}-2x_i}{s_{k-1}-s_{k-2}}I_{k-2}+\dfrac{2x_i-s_{k-2}-s_{k-1}}{s_{k-1}-s_{k-2}}J & \dfrac{s_{k-2}+s_{k-1}}{2}<x_i\leqslant s_{k-1}\\ 0+0I_1+0I_2+\cdots+0I_{k-2}+1J & s_{k-1}<x_i\end{cases}\tag{5-3}$$

其中，$s_1\leqslant s_2\leqslant\cdots\leqslant s_{k-1}$。

2）正向指标（越大越优指标），当 $k>2$ 时集对的 $k$ 元联系度为

$$\mu_{A_i\sim B_1}=\begin{cases}1+0I_1+0I_2+\cdots+0I_{k-2}+0J & x_i\leqslant s_1\\ \dfrac{2x_i-s_1-s_2}{s_1-s_2}+\dfrac{2s_1-2x_i}{s_1-s_2}I_1+0I_2+\cdots+0I_{k-2}+0J & \dfrac{s_1+s_2}{2}\leqslant x_i<s_1\\ 0+\dfrac{2x_i-s_2-s_3}{s_1-s_3}I_1+\dfrac{s_1+s_2-2x_i}{s_1-s_3}I_2+\cdots+0I_{k-2}+0J & \dfrac{s_2+s_3}{2}\leqslant x_i<\dfrac{s_1+s_2}{2}\\ \vdots & \\ 0+0I_1+\cdots+\dfrac{2x_i-2s_{k-1}}{s_{k-2}-s_{k-1}}I_{k-2}+\dfrac{s_{k-2}+s_{k-1}-2x_i}{s_{k-2}-s_{k-1}}J & s_{k-1}\leqslant x_i<\dfrac{s_{k-2}+s_{k-1}}{2}\\ 0+0I_1+0I_2+\cdots+0I_{k-2}+1J & x_i<s_{k-1}\end{cases}\tag{5-4}$$

其中，$s_1\geqslant s_2\geqslant\cdots\geqslant s_{k-1}$。

（4）评价样本集合指标联系度的计算为

$$\begin{aligned}\mu_{A\sim B}=\sum_{i=1}^{m}\omega_i\mu_{A_i\sim B_1}&=\sum_{i=1}^{m}\omega_i a_i+\sum_{i=1}^{m}\omega_i b_{i,1}I_1+\sum_{i=1}^{m}\omega_i b_{i,2}I_2+\cdots\\&+\sum_{i=1}^{m}\omega_i b_{i,k-2}I_{k-2}+\sum_{i=1}^{m}\omega_i c_i J\end{aligned}\tag{5-5}$$

式中　$\omega_i$——指标 $i$ 的权重；

$a_i$——指标 $x_i$ 与该指标第 $k$ 级标准 $s_k$ 的同一度；

$b_{i,1}$——指标 $x_i$ 与该指标第 $k$ 级标准 $s_k$ 相差一级的差异度；

$b_{i,2}$——指标 $x_i$ 与该指标第 $k$ 级标准 $s_k$ 相差两级的差异度其余类推；

$c_i$——指标 $x_i$ 与该指标第 $k$ 级标准 $s_k$ 相差 $k-1$ 级的对立度。

令 $f_1=\sum_{i=1}^{m}\omega_i a_i$，$f_2=\sum_{i=1}^{m}\omega_i b_{i,1}\cdots$，$f_{k-1}=\sum_{i=1}^{m}\omega_i b_{i,k-2}$，$f_k=\sum_{i=1}^{m}\omega_i c_i$，则式（5-5）可以变为

$$\mu_{A\sim B}=f_1+f_2I_1+\cdots+f_{k-1}I_{k-2}+f_kJ\tag{5-6}$$

式中　$f_1$——评价样本隶属于 1 级标准的可能性；

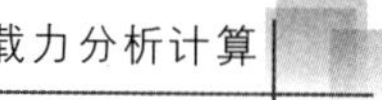

$f_k$——评价样本隶属于 $k$ 级标准的可能性。

(5) 水资源承载力综合评价。为避免联系度差异不确定分量系数 ($I_1$, $I_2$, …, $I_{k-2}$) 确定时的主观性影响评价结果，采用置信度准则判断评价样本所属等级

$$h_k=(f_1+f_2+\cdots+f_k)>\lambda, k=1,2,\cdots,k \tag{5-7}$$

式中 $\lambda$——置信度，取值不宜过大或过小，一般建议在 [0.50, 0.70] 之间。

2. 系统动力学法

采用 PSO - COIM 法，综合考虑经济社会、生活、生产和生态的影响，通过构建模型计算灌区的水资源可承载力。

PSO - COIM 法模型表达式为

$$\max(P、A、S_T、S_I\cdots) \tag{5-8}$$

s. t.

$$\begin{cases}\text{Equations}(P_W, E_W, Q_W, W_W, V_W)\\ \text{Equations}(Q_P, W_P, C_P)\\ \text{Sub Mod}(R_S, I_S, A_S)\\ WRCI\geqslant 1\\ \text{Inequations}(W_E, C_E)\\ \text{其他约束}\end{cases}$$

式中 $\max(P、A、S_T、S_I\cdots)$——目标函数；

$P$——人口总数；

$A$——工农业总产值；

$S_T$——城镇占地面积；

$S_I$——灌区有效灌溉面积；

$\text{Equations}(P_W, E_W, Q_W, W_W, V_W)$——水资源循环转化关系方程；

$P_W$——降水量；

$E_W$——总蒸发量；

$Q_W$——灌区可利用水资源量；

$W_W$——总耗水量；

$V_W$——灌区蓄水量；

$\text{Equations}(Q_P, W_P, C_P)$——污染物循环转化关系方程；

$Q_P$——控制断面径流量；

$W_P$——污水处理后污染物的总排放量；

$C_P$——污染物浓度；

$\text{Sub Mod}(R_S, I_S, A_S)$——经济社会内部制约方程；

$R_S$——人口数量与工农业发展之间的制约因素；

$I_S$——工业产值；

$A_S$——农业产值；

$WRCI\geqslant 1$——水资源承载力指数约束方程；

$\text{Inequations}(W_E, C_E)$——生态与环境控制目标约束方程；

$W_E$——污染物总量控制目标值；

$C_E$——控制断面浓度控制目标值。

基于生态的水资源承载力量化模型是一个复杂的非线性优化模型，直接求解很困难，可以通过两种途径来求解：①用数值迭代法逐步求解近似最优解；②使用计算机模拟技术，分方案搜索，找到近似最优解。采用数值迭代法求解的步骤如下：

(1) 按照承载力量化模型的参数条件，对已知参数赋值。对于现状水平年，采用实际数据；对于规划水平年，则采用现有的规划数据或对历史资料计算分析后预测的数据。

(2) 假设初始值 $P_0$、步长 $\Delta P$，计算 $P_1=P_0+\Delta P$。初始值 $P_0$ 和步长 $\Delta P$ 的选择根据研究区域的具体情况确定，本书取灌区现状人口数的一半作为初始值。

$$\left.\begin{array}{l}\dfrac{\mathrm{d}P}{\mathrm{d}t}=P[r_1(t)-r_2(t)+r_3(t)-r_4(t)]\\ P|_{t=t_0}=P_0\text{(初始条件)}\\ P\leqslant\min\{Q_{WP}/a_P(t),(W_G+W_{G\text{入}}-W_{G\text{出}})/b_P(t),P_P(t)\}\\ \text{[在预定生活水平下(如小康水平、中等发达水平等),对人口的约束]}\end{array}\right\}\qquad(5-9)$$

式中 $t$——时间变量（$t=1,2,3,\cdots$）；

$r_1(t)$——$t$ 时段出生率；

$r_2(t)$——$t$ 时段死亡率；

$r_3(t)$——$t$ 时段迁入率；

$r_4(t)$——$t$ 时段迁出率；

$P_0$——$t_0$ 时刻的人口总数；

$Q_{WP}$——生活可利用水资源量；

$a_P(t)$——$t$ 时段预定生活水平下的人均最小需水量；

$W_G$——粮食产量；

$W_{G\text{入}}$——从外区域调入的粮食总量；

$W_{G\text{出}}$——向外区域调出的粮食总量；

$b_P(t)$——$t$ 时段预定生活水平下的人均粮食最低标准；

$P_P(t)$——人口政策约束指标。

(3) 将 $P_0$ 和 $P_1$ 分别代入 $P$ 进行计算，判断 $P_0$ 和 $P_1$ 是否满足式（1）中的约束方程。如果 $P_1$ 满足，则令 $P_2=P_1$，$P_3=P_1+\Delta P$；如果 $P_0$ 满足而 $P_1$ 不满足，则采用二分法迭代，即 $P_2=\dfrac{P_1+P_0}{2}$，$P_3=P_1$；如果 $P_0$ 和 $P_1$ 均不满足，则采用反向迭代，即 $P_2=P_0-\Delta P$，$P_3=P_0$，以此类推进行迭代计算。

(4) 分别将 $P_2$ 和 $P_3$ 代入 $P$ 进行计算，判断 $P_2$ 和 $P_3$ 是否满足式（5-8）中的约束方程。重复步骤（3），直到 $|P_{i+1}-P_i|<\varepsilon$，且 $P$ 满足约束方程，得到近似最优解 $P=P_i$。得到的最大值 $P_i$ 就是所求的水资源承载力。

3. 水资源承载力指数分级标准

水资源承载力指数（*WRCI*）可以客观地表达水资源对经济社会发展规模的支撑程度。当 *WRCI*<1 时，说明研究区经济社会发展规模已超过水资源承载力，其值越小，超

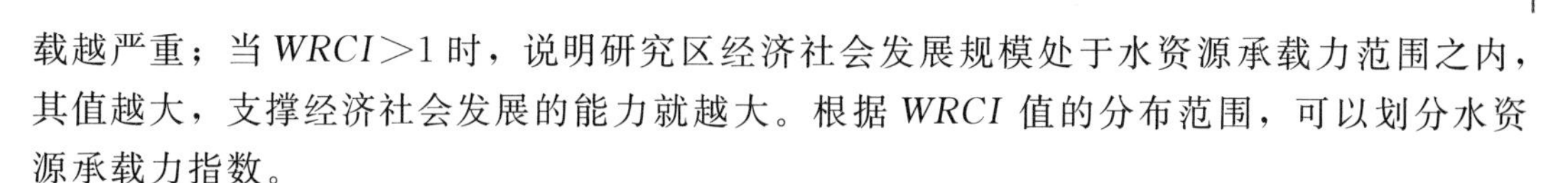

载越严重；当 $WRCI>1$ 时，说明研究区经济社会发展规模处于水资源承载力范围之内，其值越大，支撑经济社会发展的能力就越大。根据 $WRCI$ 值的分布范围，可以划分水资源承载力指数。

### 5.4.3 应用实例

1. 灌区概况

大功引黄灌区位于黄河下游豫北平原区，控制面积 2591km$^2$，设计灌溉面积 284 万亩，其中包括新乡市 109 万亩（封丘县 65 万亩，长垣县 44 万亩），安阳市 144 万亩（滑县 100 万亩，内黄县 44 万亩），鹤壁市（浚县）31 万亩。实际有效灌溉面积 138.9 万亩（其中包括新乡市 44 万亩，安阳市 80 万亩，鹤壁市 14.9 万亩），实际灌溉面积占设计灌溉面积的 48.9%。灌区渠首设计引水流量 70m$^3$/s，同时设有 12 个应急取水口，可以在枯水期保障灌区的正常供水。以模糊集对分析法为例，评价数据来源于河南省水资源公报、河南省第 3 次全国水资源调查评价开发利用阶段性成果及各行政区水资源数据资料，其中包含灌区平均城镇化率、人均 GDP、有效灌溉面积、灌溉水有效利用系数、人均水资源可利用量、水资源开发利用率、缺水率、浅层地下水超采率、生态环境用水率等相关的数据信息。

2. 评价结果

（1）评价指标分级标准。本书遵循系统性、动态性、典型性、综合性等原则，结合相应的衡量标准和研究区实际情况，最终确定适于生态型灌区水资源承载力的评价指标分级标准，见表 5-13。

表 5-13　评价指标分级标准

| 目标层 | 系统及权重 | 指标层 | 分级 | | | | 指标权重 | 指标类型 |
|---|---|---|---|---|---|---|---|---|
| | | | 1 级 | 2 级 | 3 级 | 4 级 | | |
| 生态型灌区水资源承载力 | 社会经济系统（0.2966） | 平均城镇化率 $X_1$/% | <35 | 35～40 | 40～55 | >55 | 0.0276 | − |
| | | 人均 GDP $X_2$/(元·人$^{-1}$) | 50000 | 30000～50000 | 10000～30000 | 10000 | 0.0828 | + |
| | | 有效灌溉面积 $X_3$/% | 60 | 40～60 | 20～40 | 20 | 0.1862 | + |
| | 水资源系统（0.3724） | 灌溉水有效利用数 $X_4$ | 0.65 | 0.60～0.65 | 0.55～0.60 | 0.55 | 0.1655 | + |
| | | 人均水资源可利用量 $X_5$/(m$^3$·人$^{-1}$) | >500 | 400～500 | 300～400 | <300 | 0.0414 | + |
| | | 水资源开发利用率 $X_6$/% | <40 | 40～60 | 60～70 | >70 | 0.1655 | − |
| | 生态环境系统（0.331） | 缺水率 $X_7$/% | <10 | 10～20 | 20～30 | >30 | 0.0276 | − |
| | | 浅层地下水超采率 $X_8$/% | <10 | 10～17.5 | 17.5～25 | >25 | 0.0552 | − |
| | | 生态环境用水率 $X_9$/% | >5 | 3～5 | 1～3 | <1 | 0.2482 | + |

注　指标类型中“+”为正向指标，对灌区发展起积极作用；“−”为负向指标，抑制灌区的发展。

根据灌区社会经济、水资源、生态环境发展现状，参考相似灌区指标等级划分标准，将指标分为 4 个等级，其中 1 级为承载、2 级为临界承载、3 级为超载、4 级为严重超载；采用层次分析法确定指标权重，并根据 9 项指标属性与水资源承载力的关系确定指标类型。

（2）计算结果。设大功引黄灌区水资源承载力评价指标值构成集合 $A$，9 个指标的 1 级标准构成集合 $B$，各集对联系度计算结果见表 5-14（以 2015 年为例）。根据置信度准

表 5-14　　2015 年各集对联系度计算结果表

| 联系度 | 滑县 | | | | 内黄县 | | | | 浚县 | | | | 长垣县 | | | | 封丘县 | | | |
|---|---|---|---|---|---|---|---|---|---|---|---|---|---|---|---|---|---|---|---|---|
| | a | b1 | b2 | c | a | b1 | b2 | c | a | b1 | b2 | c | a | b1 | b2 | c | a | b1 | b2 | c |
| 1 | 0 | 1 | 0 | 0 | 0 | 0 | 0.320 | 0.680 | 0 | 0.760 | 0.24 | 0 | 0 | 0 | 0.480 | 0.520 | 0 | 0.560 | 0.440 | 0 |
| 2 | 1 | 0 | 0 | 0 | 0 | 0 | 0 | 1 | 0 | 0.711 | 0.289 | 0 | 0.292 | 0.708 | 0 | 0 | 0.868 | 0.132 | 0 | 0 |
| 3 | 0 | 0 | 0.888 | 0.112 | 0 | 0.474 | 0.526 | 0 | 0 | 0.67 | 0.330 | 0 | 0 | 0.256 | 0.744 | 0 | 0 | 0.212 | 0.788 | 0 |
| 4 | 0 | 0 | 0 | 1 | 0 | 0 | 0 | 1 | 0.235 | 0.765 | 0 | 0 | 1 | 0 | 0 | 0 | 1 | 0 | 0 | 0 |
| 5 | 1 | 0 | 0 | 0 | 1 | 0 | 0 | 0 | 0.290 | 0.710 | 0 | 0 | 1 | 0 | 0 | 0 | 1 | 0 | 0 | 0 |
| 6 | 0 | 0 | 0 | 1 | 0 | 0 | 0 | 1 | 0 | 0 | 0 | 1 | 0.030 | 0.97 | 0 | 0 | 0 | 0 | 0 | 1 |
| 7 | 0 | 0 | 0 | 1 | 0 | 0 | 0 | 1 | 0 | 0 | 0.904 | 0.096 | 0 | 0 | 0 | 1 | 0 | 0 | 0.342 | 0.658 |
| 8 | 1 | 0 | 0 | 0 | 0 | 0.120 | 0.88 | 0 | 0 | 0 | 0.178 | 0.822 | 0.243 | 0.757 | 0 | 0 | 0 | 0.822 | 0.178 | 0 |
| 9 | 0 | 0 | 0 | 1 | 0 | 0 | 0 | 1 | 0 | 0 | 0 | 1 | 0 | 0 | 0 | 1 | 0 | 0 | 0 | 1 |

则评判灌区水资源承载力所属等级计算 $h_k$ 值，$\lambda$ 取值为 0.55，得到浚县 2015 年水资源承载力 $h_1=0.085<0.55$、$h_2=0.504<0.55$、$h_3=0.650>0.55$，由置信度准则可判断出浚县 2015 年水资源承载力评价结果为超载。

依据前述方法，可以得出大功引黄灌区近八年水资源承载力综合评价结果，如图 5-4。图 5-4 中 4 个柱状条分别代表水资源承载力 4 种状态，若 4 种状态中某一状态值达到或超过置信度（0.55），则该年当地水资源承载力为这一状态。2010—2013 年大功引黄灌区水资源承载力整体状态为严重超载，说明在此期间对水资源没有足够重视，灌区水资源开发已经远超灌区可利用水资源量，导致水资源可持续性差，承载能力很弱；河南省开始实施最严格水资源管理制度后，2014 年灌区内长垣和封丘地区水资源承载力情况开始有较好的转变，到 2015 年灌区整体摆脱了严重超载的窘境，2017 年除内黄县、浚县外，灌区水资源承载力有所好转，水资源形势较为稳定。

经过近几年的对水资源开发利用、规划调度及管理等方面的不断改进，灌区整体水资源承载状况得到改善。但内黄县、浚县两地仍处于水资源超载区，分析其原因可能是当地为满足社会经济发展需求，多年的地下水超采使地下水漏斗的扩张没有得到有效遏制，加之两县处于大功灌区渠系下游末端，上游供水指标无法满足下游用水需求，导致当地水资源承载力无法得到显著增长。按照生态型灌区建设标准以及国家对生态文明建设的重视，管理部门应进一步完善大功引黄灌区内水资源调度和水资源调配等相关工作，确保生活用水和工业用水的同时，实现汛期有水补源、非汛期有水灌溉。本书评价结果与灌区现状水资源承载力状况相符。

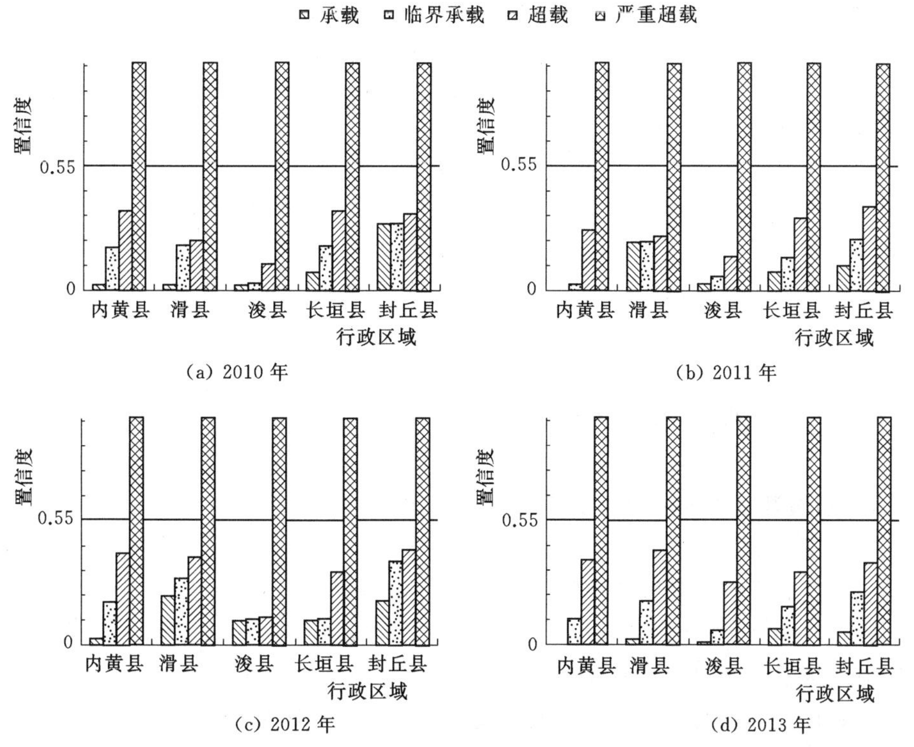


图 5-4（一） 2010—2017 年大功引黄灌区水资源承载力综合评价结果图

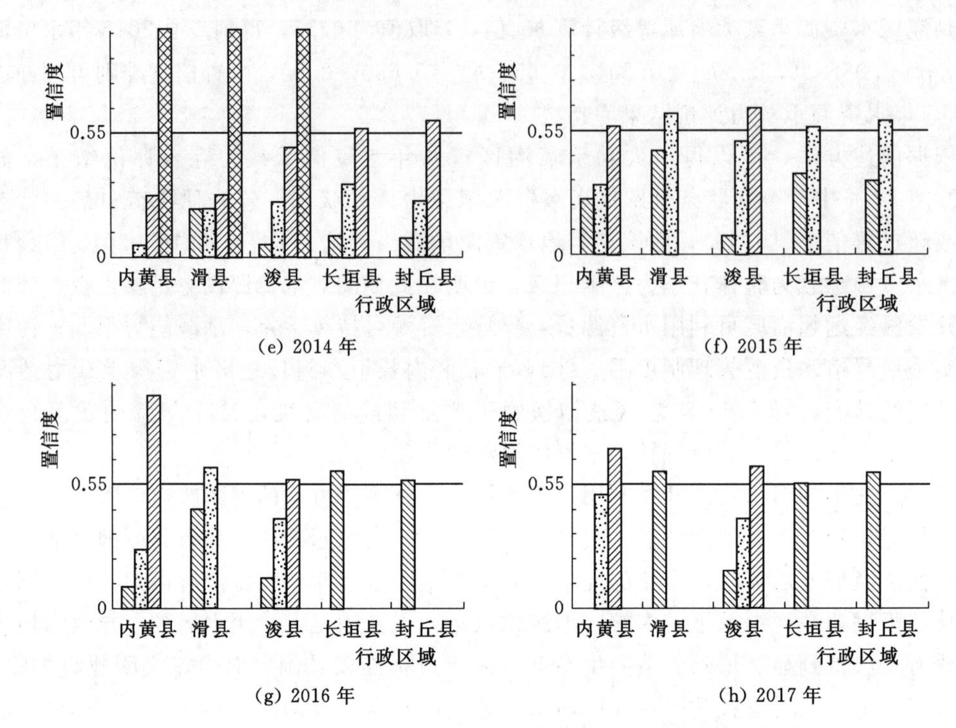


(e) 2014年　(f) 2015年

(g) 2016年　(h) 2017年

图5-4（二）　2010—2017年大功引黄灌区水资源承载力综合评价结果图

3. 结论

大功引黄灌区作为河南省重要的粮食生产核心区之一，灌区存在水质型和水源型缺水问题。本书按照生态型灌区水资源承载力评价准则，采用模糊集对分析理论对灌区进行水资源承载力综合评价，评价结果表明2015—2017年灌区水资源承载力相比2013年之前有很大提升，但是为了达到生态型灌区的标准，作为黄河下游重要的大型灌区应对生产、生活、生态用水保持合理高效利用，加大生态建设力度，以确保维持“经济社会—水资源—生态环境”复合系统良性运转。此外，在今后的研究中，将会着重考虑计算评价指标权重和模型优化方面的研究工作，目的是更好地权衡计算时主观性与客观性对评价指标权重的影响及提高评价结果的可靠性，使研究结论更具有实用性。

## 5.5　大功引黄灌区水安全评价

### 5.5.1　大功引黄灌区水安全问题及评价体系

大功引黄灌区是我国重要的农业规模化生产和粮产基地，是我国农业农村乃至国民经济发展的重要基础设施。灌区的正常运转离不开水资源，同时对水资源的使用量也越来越高，从而使灌区面临水资源短缺、地下水超采导致地下水环境恶化、废污水排放导致水质污染等限制灌区发展的问题。灌区内水资源分配不合理、过度开发利用水资源也会对灌区植被和农作物以及群众的生产生活方式造成影响。随着黄河流域各地区降水均发生不同程度的降低，改变黄河径流的同时也在一定程度上减少了可利用水资源量，河底受调水调沙工程影响开始下切，对引水工作造成了困难。因此，构建科学严谨的水安全评价指标体系、选择合理的评价方法对灌区水安全状况进行评价，解决灌区目前出现的水安全问题具有重大现实意义。

系统的水安全评价包括构建评价指标体系、确定评价标准、对数据进行处理、计算指标权重和选择评价方法五个部分。选取评价指标需系统全面，不仅要能反映研究区域的水资源现状，还要兼顾到区域的经济社会发展状况和生态环境安全等方面；评价标准也并非一成不变，研究区域不同，相应的评价标准也不尽相同，因此不同区域的评价标准应依照当地的发展现状制定；确定指标权重常用层次分析法、主成分分析法和熵值法，方法的选择通常综合考虑每个确权方法的优劣，再结合具体研究区域选取的指标性质来决定；水安全评价方法相关研究较多，典型的方法有数理统计法（如主成分分析法）、运筹决策法（如层次分析法）、灰色系统理论（如灰色关联度评价）、模糊数学（如模糊综合评价法）等，建立的评价指标体系不同，各评价方法的应用效果也有所不同。

### 5.5.2 水安全评价指标体系构建

水安全核心是使人与自然和谐发展，水安全评价指标体系需要以水安全核心为基础构建。水安全模糊、系统复杂、涉及面广泛，因此需要构建一个综合评价指标体系对水安全进行评价；指标体系是由组成水安全系统中的各方面因素所构成的有机统一的体系，其构建需遵循科学性原则、可操作性原则、完备性原则、动态静态相结合原则、定量分析与定性分析相结合原则和可比性原则。以构建水安全评价指标体系需遵循的原则为前提，本书在探究水资源系统与经济社会系统、生态环境系统三者之间相互作用机理的基础上，以经济社会安全、水资源安全、生态环境安全三个层面作为构建指标体系的准则层，统筹考虑构建水安全综合评价体系的完整性与简洁性，参考借鉴各学者的研究成果，结合研究区具体情况，最终构建适用于评价生态灌区水安全的一套评价指标体系。在经济社会安全层面，选取了平均城镇化率、人均 GDP 和有效灌溉面积率；在水资源安全层面，选取了灌溉水有效利用系数、人均水资源可利用量、水资源开发利用率；在生态环境安全层面，选取了缺水率、浅层地下水超采率和生态环境用水率。灌区水安全综合评价指标体系见表 5－15。

表 5－15　　灌区水安全综合评价指标体系

| 目标层 A | 准则层 B | 指标层 C | 指标含义 |
| --- | --- | --- | --- |
| 水安全 A | 经济社会安全 B1 | 平均城镇化率 C1 | 反映现阶段社会发展水平 |
| | | 人均 GDP C2 | 反映灌区整体经济状况水平 |
| | | 有效灌溉面积 C3 | 反映灌区的先进程度 |
| | 水资源安全 B2 | 灌溉水有效利用系数 C4 | 反映灌区灌溉用水效率 |
| | | 人均水资源可利用量 C5 | 反映水资源量的可利用程度 |
| | | 水资源开发利用率 C6 | 反映水资源的开发利用程度 |
| | 生态环境安全 B3 | 缺水率 C7 | 反映需水量与可供水量的差值情况 |
| | | 浅层地下水超采率 C8 | 反映水资源开发利用对生态环境的影响 |
| | | 生态环境用水率 C9 | 反映生态系统对水资源的需求情况 |

### 5.5.3　水安全评价方法选择——模糊综合评价模型

对水安全进行评价就是利用数学方法量化描述水安全状况。评价模型目前尚在探索，现阶段的模型研究成果中，主要以模糊物元模型、主成分分析模型、灰色关联度模型、模糊综合评价模型等被众多学者广泛应用。水安全级别具有模糊性和连续性，而模糊综合评价法可相对客观反映这两种性质，更加合理计算出综合评价的具体结果。为了评价生态型灌区的水安全等级，本书选用模糊综合评价法，构造出合适灌区的隶属度函数，对灌区水安全进行评价，以期为黄河下游引黄灌区水安全综合评价提供思路。

模糊综合评价法的主要计算步骤如下：

1. 建立因素论域、确定评语等级论域

将评价对象的因素论域 $U$ 和评语等级论域 $V$ 分别设为

$$U=\{U_1,U_2,\cdots,U_n\};V=\{V_1,V_2,\cdots,V_m\}$$

2. 确定权重及单指标隶属度

由各评价指标权重组成的集合：$K=\{k_1,k_2,\cdots,k_n\}$ 称为权重集（同一级各元素权重需满足：$\sum_{i=1}^{n}k_i=1,1\geqslant k_i\geqslant 0,i=1,2,\cdots,n$）。隶属度指各个评价因素 $U_n$ 属于每个评语等级 $V_m$ 程度多少的数量化，用 $A$ 表示，对照各因素指标的分级标准，可推求各因素指标 $A$ 的数值。为了避免等级数值两两相差很小但评价等级可能出现相差一级的情况发生，可将其模糊化处理，以保证隶属度函数能平滑过渡于各评价等级之间。计算指标隶属度是模糊综合评价法的主要计算环节，目前已有的研究成果中，模糊分步法、模糊统计法和待定系数法较为常用。根据明确的评价标准，本书决定使用三角形隶属度函数依次推求各个评价指标的隶属函数。根据各指标属性与灌区水安全的关系将指标分成效益型指标（+）和成本性指标（−）两类进行处理，隶属度函数公式为

（1）效益型指标。

1）非常安全隶属度。

$$A_1=\begin{cases}1 & x\geqslant s_1\\ \dfrac{x-s_2}{s_1-s_2} & s_2<x<s_1\\ 0 & x\leqslant s_2\end{cases} \tag{5-10}$$

2）较安全隶属度。

$$A_2=\begin{cases}\dfrac{x-s_1}{s_2-s_1} & s_2\leqslant x<s_1\\ \dfrac{x-s_3}{s_2-s_3} & s_3<x<s_2\\ 0 & x\geqslant s_1,x\leqslant s_3\end{cases} \tag{5-11}$$

3）基本安全隶属度。

$$A_3=\begin{cases}\dfrac{x-s_2}{s_3-s_2} & s_3\leqslant x<s_2\\ \dfrac{x-s_4}{s_3-s_4} & s_4<x<s_3\\ 0 & x\geqslant s_2,x\leqslant s_4\end{cases} \tag{5-12}$$

4）较不安全隶属度。

$$A_4=\begin{cases}\dfrac{x-s_3}{s_4-s_3} & s_4\leqslant x<s_3\\ \dfrac{x-s_5}{s_4-s_5} & s_5<x<s_4\\ 0 & x\geqslant s_3,x\leqslant s_5\end{cases} \tag{5-13}$$

5）不安全隶属度。

$$A_5=\begin{cases}0 & x\geqslant x_4\\ \dfrac{x-s_4}{s_5-s_4} & s_5<x<s_4\\ 1 & x\leqslant s_5\end{cases} \tag{5-14}$$

（2）成本型指标。

1）非常安全隶属度。

$$A_1=\begin{cases}1 & x\leqslant s_1\\ \dfrac{x-s_2}{s_1-s_2} & s_1<x<s_2\\ 0 & x\geqslant s_2\end{cases} \tag{5-15}$$

2）较安全隶属度。

$$A_2=\begin{cases}\dfrac{x-s_1}{s_2-s_1} & s_1<x\leqslant s_2\\ \dfrac{x-s_3}{s_2-s_3} & s_2<x<s_3\\ 0 & x\geqslant s_3,x\leqslant s_1\end{cases} \tag{5-16}$$

3）基本安全隶属度。

$$A_3=\begin{cases}\dfrac{x-s_2}{s_3-s_2} & s_2<x\leqslant s_3\\ \dfrac{x-s_4}{s_3-s_4} & s_3<x<s_4\\ 0 & x\geqslant s_4,x\leqslant s_2\end{cases} \tag{5-17}$$

4）较不安全隶属度。

$$A_4=\begin{cases}\dfrac{x-s_3}{s_4-s_3} & s_3<x\leqslant s_4\\ \dfrac{x-s_5}{s_4-s_5} & s_4<x<s_5\\ 0 & x\geqslant s_5,x\leqslant s_3\end{cases} \tag{5-18}$$

5）不安全隶属度。

$$A_5=\begin{cases}0 & x\leqslant s_4\\ \dfrac{x-s_4}{s_5-s_4} & s_4<x<s_5\\ 1 & x\geqslant s_5\end{cases} \tag{5-19}$$

式中　$A$——评价指标的隶属度；

$x$——评价指标的实际数据；

$s$——评价指标的第 $m$ 级标准值。

3. 模糊综合评判

对某个评价因素 $u$ 进行评判，确定出对于评语等级 $V$ 的隶属度 $A_{n,m}$，则 $n$ 个评价因素在 $m$ 个评价等级区间的评价集可构成判断矩阵 $\mathbf{A}$，$\mathbf{A}$ 可表示为

$$\mathbf{A}=\begin{bmatrix}a_{1,1} & a_{1,2} & \cdots & a_{1,m}\\ a_{2,1} & a_{2,2} & \cdots & a_{2,m}\\ \vdots & \vdots & \ddots & \vdots\\ a_{n,1} & a_{n,2} & \cdots & a_{n,m}\end{bmatrix} \tag{5-20}$$

水安全评价值 $WS$ 计算式为

$$WS=\boldsymbol{KA} \tag{5-21}$$

式中　$\boldsymbol{K}$——权重集；

$\boldsymbol{A}$——评价指标隶属度矩阵。

则对第 $m$ 个评价等级标准水安全评价值可表示为

$$WS=\sum\nolimits_{i=1}^{n}k_i a_{n,m} \tag{5-22}$$

式中　$k_i$——第 $i$ 个评价指标权重；

$a_{n,m}$——第 $n$ 个元素在第 $m$ 个评价等级中的隶属度。

### 5.5.4　应用实例

1. 灌区概况及指标分级情况

本书选取黄河下游大功引黄灌区为例。灌区评价指标数据来自河南省水资源公报、河南水利统计年鉴及各行政区的水资源公报，其中涵盖灌溉水有效利用系数、水资源开发利用率、生态环境用水率、人均 GDP 等基本的数据信息。结合灌区生态环境、经济社会发展现状，统筹考虑灌区的水资源状况和当前经济发展的水平，结合我国用水水平和相关国家部门规划要求，参考借鉴相关文献、其他学者的研究经验及相似灌区划分评价等级的标准，将指标分成 5 个等级，分别为非常安全、较安全、基本安全、较不安全与不安全，指标权重采用 AHP 法计算。根据上述内容确定水安全评价分级标准，见表 5-16。

2. 灌区水安全评价结果

根据灌区实际数据，以滑县 2013 年各指标实际数据为例，确定指标权重和计算评价指标的隶属度，具体结果详见表 5-17。

由式（5-10）～式（5-12）计算得出滑县 2010 年水安全评价值为（0.000，0.1742，

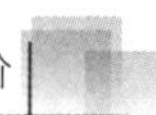

0.2618，0.1716，0.3924)，同理可得滑县2011年水安全评价值为（0.1910，0.000，0.1463，0.2986，0.3640)、2012年水安全评价值为（0.1910，0.1338，0.0600，0.2230，0.3923)、2013年水安全评价值为（0.0390，0.2572，0.2625，0.2166，0.2245)、2014年水安全评价值（0.0429，0.2577，0.2103，0.2567，0.2304)、2015年水安全评价值（0.1088，0.3889，0.3491，0.1376，0.0156)、2016年水安全评价值（0.2575，0.3108，0.3519，0.0768，0.0031）以及2017年水安全评价值（0.2484，0.1054，0.3239，0.3080，0.0144)。内黄县、浚县、长垣县和封丘县地区的水安全评价值计算方法与滑县地区相同。2010—2017年大功引黄灌区水安全综合评价结果如图5-5所示。

**表5-16　　水安全评价分级标准**

| 指　　标 | 非常安全 | 较安全 | 基本安全 | 较不安全 | 不安全 | 指标类型 |
|---|---|---|---|---|---|---|
| 平均城镇化率/% | ≥50 | ≥40 | ≥30 | ≥20 | ≥15 | + |
| 人均GDP/(元·人$^{-1}$) | ≥50000 | ≥40000 | ≥30000 | ≥20000 | ≥10000 | + |
| 有效灌溉率/% | ≥65 | ≥50 | ≥35 | ≥20 | ≥15 | + |
| 灌溉水有效利用系数 | ≥0.7 | ≥0.6 | ≥0.5 | ≥0.4 | ≥0.3 | + |
| 人均水资源可利用量/(m$^3$·人$^{-1}$) | ≥400 | ≥350 | ≥250 | ≥150 | ≥100 | + |
| 水资源开发利用率/% | ≤40 | ≤50 | ≤60 | ≤70 | ≤80 | − |
| 缺水率/% | ≤10 | ≤15 | ≤20 | ≤25 | ≤30 | − |
| 浅层地下水超采率/% | ≤10 | ≤20 | ≤30 | ≤40 | ≤50 | − |
| 生态环境用水率/% | ≥25 | ≥18.75 | ≥12.5 | ≥6.25 | ≥0.3 | + |

**表5-17　　2013年滑县水安全评价指标权重及隶属度**

| 层次 | 指　标 | 权重 | 隶　属　度 |
|---|---|---|---|
| 准则层 | 经济社会安全$B_1$ | 0.3119 | (0，0.4864，0.2500，0.2636，0) |
| | 水资源安全$B_2$ | 0.1976 | (0.1976，0.5341，0.2674，0，0) |
| | 生态环境安全$B_3$ | 0.4905 | (0，0，0.2684，0.2739，0.4577) |
| 指标层 | 平均城镇化率$C_1$ | 0.2721 | (0，0，0.204，0.796，0) |
| | 人均GDP $C_2$ | 0.1199 | (0，0，0，0.6076，0.3924) |
| | 有效灌溉面积$C_3$ | 0.6080 | (0，0.8，0.2，0，0) |
| | 灌溉水有效利用系数$C_4$ | 0.4905 | (0，0.72，0.28，0，0) |
| | 人均水资源可利用量$C_5$ | 0.3119 | (0，0.58，0.42，0，0) |
| | 水资源开发利用率$C_6$ | 0.1976 | (1，0，0，0，0) |
| | 缺水率$C_7$ | 0.1263 | (0，0，0.228，0.772，0) |
| | 浅层地下水超采率$C_8$ | 0.4160 | (0，0，0.576，0.424，0) |
| | 生态环境用水率$C_9$ | 0.4577 | (0，0，0，0，1) |

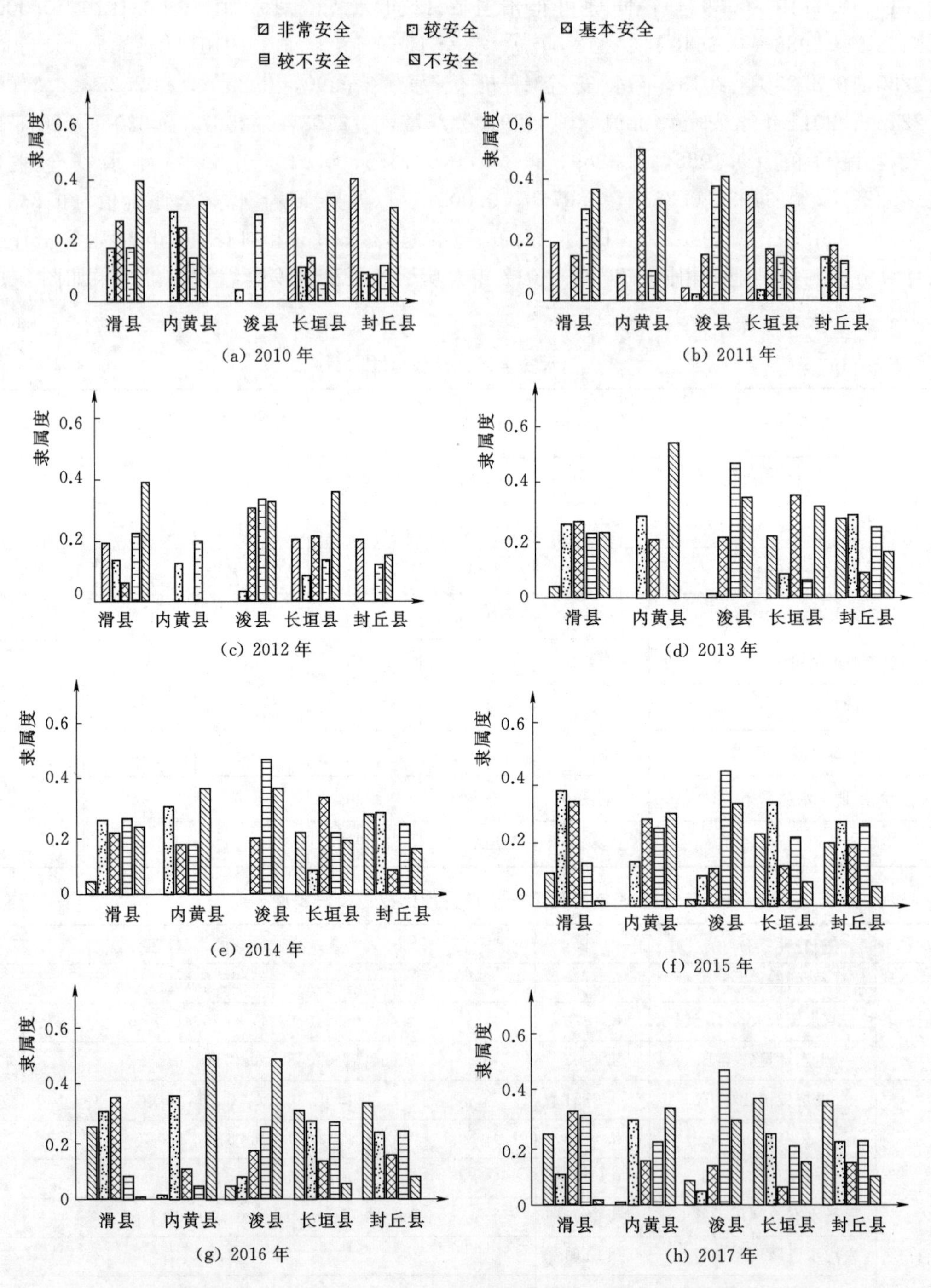


图5-5　2010—2017年大功引黄灌区水安全综合评价结果

3. 分析与讨论

根据最大隶属度原则，大功引黄灌区涵盖的各县2010—2017年水安全综合评价结果为：2010—2017年，长垣县和封丘县地处上游，水资源条件较好，水安全状态处于基本安全状态向非常安全状态转变，属于非常安全状态的隶属度不断提高；滑县地区水安全状态除 2010—2012 年外，其余年份大致保持在基本安全状态；浚县地区水安全处于较不安全向不安全过渡的状态；内黄县水安全处于不安全状态。总的来说，大功引黄灌区所涉及的各县水安全状态中除长垣县、封丘县和滑县地区外，其余各县与水安全要求仍有一定的差距。计算结果与大功引黄灌区水安全现状基本一致。

评价结果显示，由于近年来在水资源开发利用、规划调度及管理等方面的不断改进，使得大功引黄灌区水安全总体呈基本安全状态，但仍有部分地区（浚县、内黄县）处于不安全状态，为大力发展经济社会，确保粮食能够安全可持续增产，滑县、浚县和内黄县主要的灌溉水源来自开采地下水，常年的地下水超采致使地下水漏斗扩张并未得到有效遏制，地下水持续下降，地下水埋深由 2005 年的 20m 增加至 2018 年的 30m，且每年仍以 0.5～0.8m 的速度下降，并出现地下水漏斗不断向周边扩展、水质急速恶化以及局部地面沉降等问题，导致三地生态环境发展逐渐恶化，进而影响水安全状态。此外浚县、内黄县一带地处大功引黄灌区渠系下游末端，上游供水指标无法满足下游用水需求，中下游用水困难，特别是下游内黄县用水，需先向新乡市大功管理处申请，再协调上游水利局，获批后方可向内黄县引水。引水中间环节多，致使中下游用水困难，阻碍了当地水安全状态好转，使当地经济的发展受限。

以黄河下游大功引黄灌区水安全评价值为基础，得出灌区 2010—2017 年水资源安全风险等级图，如图 5-6 所示。

由图 5-6 可知，2010—2013 年大功引黄灌区水安全风险整体呈重大风险，说明在此期间对水安全没有足够重视，灌区水资源开发已经远超灌区可利用水资源量，导致水资源可持续性差，承载能力弱。河南省开始实施最严格水资源管理制度后，经过近几年的水资源开发利用、规划调度及管理等方面的不断改进，灌区整体水安全等级有所提升，2014—2017 年灌区内长垣、封丘和滑县地区水安全风险开始从重大（较大）风险向一般（低）风险转变。滑县从 2007 年开始引黄水量大概有 6000 万～8000 万 $m^3$，除满足正常供水外，将多余水量储蓄到引黄调蓄水库中（库容 480 万 $m^3$），解决了十几万亩农田灌溉问题，改善了 40 多万亩农田用水条件，并为县城工业提供充足水源，改善了县城生态环境，

(a) 2010 年

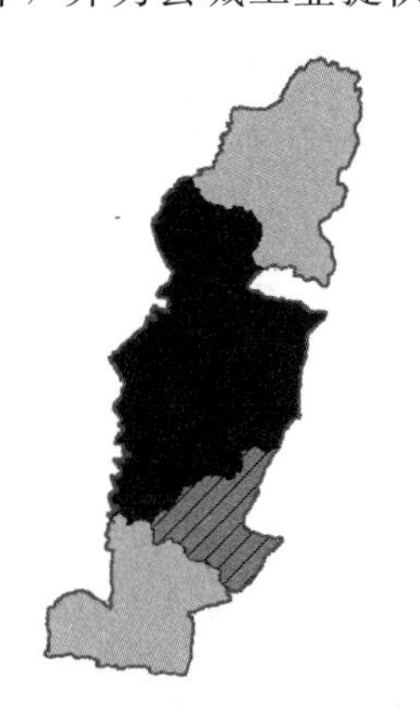

(b) 2011 年

(c) 2012 年

图 5-6（一） 大功引黄灌区 2010—2017 年水资源安全风险等级图

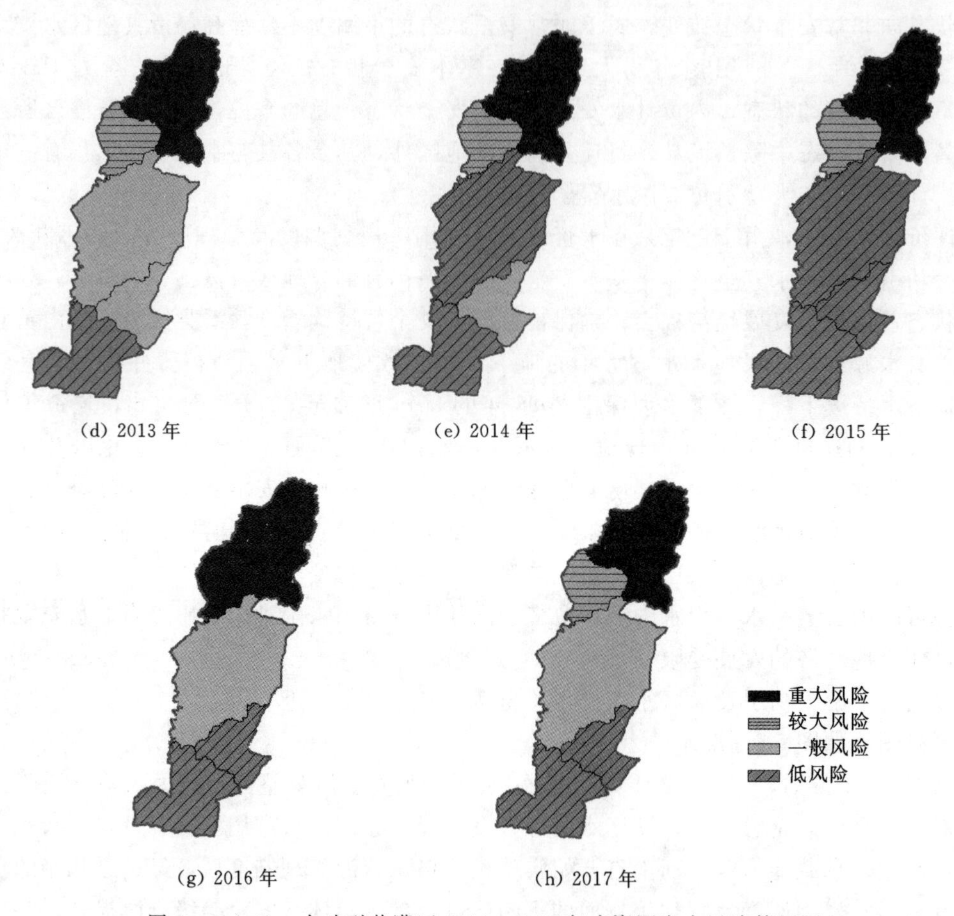


图 5-6（二）　大功引黄灌区 2010—2017 年水资源安全风险等级图

同时对县域经济社会可持续发展起到重要的支撑作用。但内黄、浚县两地水安全风险仍处于重大（较大）风险中，分析其原因可能是当地为满足社会经济发展需求，多年的地下水超采使地下水漏斗的扩张没有得到有效遏制，加之两县处于大功灌区渠系下游末端，上游供水指标无法满足下游用水需求，导致当地水安全状态无法得到显著提升。

第 6 章

# 变化环境下引黄灌区水资源优化配置

## 6.1 生态灌区水资源优化调配技术

### 6.1.1 水资源优化调配概述

灌区水资源优化配置是指在一个特定的灌区内，以可持续发展为总原则，对有限的、不同形式的水资源，通过工程与非工程措施在各用水户之间进行的科学分配。其核心任务是通过调整水资源在各个用水部门的分配，在保证各个生产部门一定生产目标的前提下，减少水资源消耗量大、利用率低、单位水资源所创造的产值较低的生产部门的水资源占有量，而将节约下来的水资源用于利用率较高、单位水资源所创造的产值较高的生产部门，使水资源配置效率最大化。

水资源优化配置包括需水管理和供水管理两方面的内容。在需水方面通过调整产业结构与调整生产力布局，积极发展高效节水产业抑制需水增长势头，以适应较为不利的水资源条件。在供水方面则是协调各用水部门竞争性用水，加强管理，并通过工程措施改变水资源天然时空分布与生产力布局不相适应的被动局面。

水资源优化配置主要反映在水资源分配中解决水资源供需矛盾、各类用水竞争、上下游左右岸协调、不同水利工程投资关系、经济与生态环境用水效益、当代社会与未来社会用水、各种水源相互转化等一系列复杂关系中相对公平的、可接受的水资源分配方案。水资源优化配置是针对水资源短缺和用水竞争而提出的，其主要研究内容包括以下方面：

（1）水资源需求问题。研究现状条件下各部门的用水结构、水的利用率，提高用水率的技术和措施，分析未来各种经济发展模式下的水资源需求。

（2）供需平衡分析。进行不同的水工程开发模式和经济发展模式下的水资源供需平衡分析，确定水工程的供水范围和可供水量，以及各用水单位的供水量、供水保证率、供水水源构成、缺水量、缺水过程和缺水破坏深度分布等。

（3）社会经济发展问题。探索适合流域或区域现实可行的社会经济发展模式和发展方向，推求合理的工农业生产布局。

（4）水资源开发利用方式、水利工程布局等问题。现状水资源开发利用评价，供水结构分析，水资源可利用量分析，规划工程的可行性研究，各种水源的联合调配，各类规划水利工程的配置规模及建设次序。

（5）水环境污染问题。评价现状水环境质量，研究工农业生产和人民生活所造成的水环境污染程度，分析各经济部门再生产过程中各类污染物的排放率及排放总量，预测河流水体中各主要污染物的浓度，制定合理的水环境保护和治理标准。

（6）生态环境问题。生态环境质量评价，生态保护准则研究，生态耗水机理与生态耗水量研究，分析生态环境保护与水资源开发利用的关系。

（7）供水效益问题。分析各种水源开发利用所需的投资及运行费用，根据水源的特点分析各种水源的供水效益，分析水工程的防洪、发电、供水三方面的综合效益。

（8）水价问题。研究水资源短缺地区由于缺水造成的国民经济损失，水的影子价格分析，水利工程经济评价，水价的制定依据，分析水价对社会经济发展的影响和水价对水需求的抑制作用。

（9）水资源管理问题。研究与水资源优化配置相适应的水资源科学管理体系，制定有效的政策法规，确定合理的实施办法，培养合格的水资源科学管理人才等。

（10）技术与方法研究问题。水资源优化配置分析模型开发研究，如评价模型、模拟模型、优化模型的建模机制及建模方法，决策支持系统、管理信息系统的开发，GIS等高新技术的应用等。

通过水资源的优化配置，提高水资源的利用效益，实现水资源可持续利用是我国目前水利工作的重要任务。实施水资源优化配置主要可解决以下问题：①水资源天然时空分布与生产力布局的不适应问题；②在地区间和各用水部门间存在的用水竞争性问题；③由于近年来水资源开发利用方式所导致的许多生态环境问题。

#### 6.1.1.1　水资源配置模型的定义

本书将水资源配置模型定义为：针对以供水为主要目的的水资源系统，以系统分析理论、运筹学方法、知识规则、逻辑推理等为技术基础，对各种工程措施和非工程措施进行适当组合和合理的联合调度运用，以追求系统整体的可持续利用功能最优为目标的计算机模型。

（1）水资源配置模型是数学模型而不是物理模型，其主要用途是合理地安排和调度水资源开发利用的工程措施和非工程措施，配置水资源，使水资源系统的可持续利用功能最优。

（2）分析的问题可以是规划阶段的问题，其重点是进行多种水利工程措施和非工程措施组合方案的分析比较，推荐出合理的水利工程布局；也可以是运行管理阶段的问题，其重点是在已有水资源系统条件下合理地调度各种水源和工程使其发挥最大效益。

（3）对“水资源系统整体的可持续利用功能最优为目标”要广义的理解，充分体现实际需要和现实可行性。

#### 6.1.1.2　水资源合理配置原则及目标

1. 水资源合理配置原则

从宏观上来看，根据稀缺资源分配的经济学原理，水资源合理配置应遵循高效性与公平性的原则，在水资源利用高级阶段，还应同时遵循水资源可持续原则，即高效性、公平

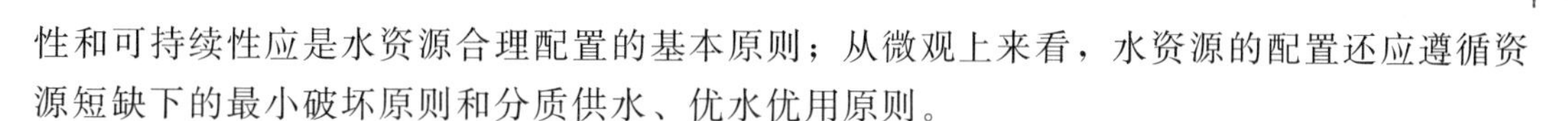


性和可持续性应是水资源合理配置的基本原则；从微观上来看，水资源的配置还应遵循资源短缺下的最小破坏原则和分质供水、优水优用原则。

（1）高效性原则。水资源的高效性原则是基于水资源作为经济社会行为中的商品属性确定的，对水资源的利用应以其利用效益作为经济部门核算成本的重要指标，但是，这种有效性不是单纯追求经济意义上的有效性，而是同时追求对环境的负面影响小的环境效益，以及能够提高社会人均收益的社会效益，是能够保证经济、环境和社会协调发展的综合利用效益。这需要在水资源合理配置问题中设置相应的经济目标、环境目标和社会发展目标，并考察目标之间的竞争性和协调发展程度，满足真正意义上的有效性原则。

（2）公平性原则。水作为人类生存必不可少的资源，不能单纯考虑效益准则，必须满足不同区域间、不同社会各阶层和集团间都具有的生存条件：①生活用水是人类生存的必要条件，从人人具有平等的生存权来说，无论贫富，每个人都具有使用保证生存的必要的水的权利；②不同发展水平的地区都具有发展权。资源分配部门也具有这样的义务来保证这种公平性不被资源利用的高效性原则所忽略。

（3）可持续原则。也可以理解为代际间的资源分配公平性原则，它要求近期与远期之间、当代与后代之间对水资源利用上需要有一个协调发展、公平利用的原则，而不是掠夺性地开采和利用，甚至破坏，严重威胁子孙后代的发展能力。

（4）资源短缺下的最小破坏原则。资源短缺下的最小破坏原则与水资源利用的高效性原则既可能一致，但在更多情况下不一致。可能出现不一致的原因在于，整体效益最高，不等于局部破坏最小。在水资源短缺的情况下，必然对社会、经济和生态带来一定程度的损害。水资源的配置应将这种损害降到最低。

（5）分质供水、优水优用原则。水资源的配置不仅要考虑水量问题，还要考虑水质问题。不同用户对水质的要求不同，而不同水质的水也具有不同的价格。通过优化和模拟技术，从经济效益、社会效益、保证率等多方面综合确定不同水源对应不同用户的水量。

水资源利用配置的好坏，不仅关系到它所依托的生态经济系统的兴衰，更关系到对可持续发展战略支撑能力的强弱，必须加强研究和实践，以利社会、经济的持续发展。

基于以上配置原则，水资源合理配置应遵循：①空间配置：根据国民经济布局、供水水源和缺水状况，合理确定不同水源的供水范围，使水资源保障条件与生产力布局更加匹配；②时间配置：根据水资源年内、年际的变化规律，通过水库、湖泊和地下水库的调节，以实现水资源量在时间尺度上的合理配置；③用水目标配置：根据用水户的用水特点和各水源的供水能力，确定各供水目标的供水次序，进行部门间的水量分配。重点在于妥善解决经济建设用水挤占生态环境用水，城市与工业用水占用农业用水，以及水资源多目标利用中的竞争性用水问题；④水量水质配置：地表水、浅层地下水、污水回用水、外调水等多种水源水质不同，保证率不同，实现其合理调配，优水优用、充分发挥单方水效益，提高供水总量和供水保证率，保障用水安全。

2. *灌区水资源合理配置的目标*

满足灌区人口、资源、环境与经济协调发展对水资源在时间、空间、数量和质量上的要求，使有限的水资源获得最大的利用效益，可持续利用。因此，灌区水资源的配置包括数量、质量、时间和空间四个基本要素。其中，数量是对用水总量和增量的要求；质量是对水质和水生态环境的要求；时间要求主要是协调天然水与用水在时间上的矛盾；空间要求主要是进行水资源使用方向和灌区区域内的配置。灌区水资源的配置过程可描述为：灌区水资源配置系统根据系统输入的信息，从水源系统通过输水系统将水分配到工业、生活、农业、生态环境等用水部门，然后由用水系统和排水系统反馈信息给水资源分配系统，水资源分配系统根据其特性和反馈信息，调整水量在各部门间的分配。如此反复，直到得到最优配置结果。由此可见，灌区水资源供需配量“涉及社会、经济、生态、环境诸方面，并且，根据可持续发展的要求，灌区经济社会—水资源—生态环境”复合系统特征强调了系统内部各子系统间相互作用、相互依存的协调关系。灌区水资源系统的多水源、多用户、多阶段、多层次的特点，要求了灌区水资源合理配置必须遵循系统性。故在对灌区水资源系统优化配置进行分析研究时采用大系统的理论及其分析方法。

**6.1.1.3**　水资源合理配置模型及特点

水资源系统分析通常采用模拟法和优化法。模拟法着眼于微观分析和水资源时间配置，对已拟定的一些比较方案或优化方案进行模拟计算，得到方案的各种评价指标值，然后进行评价择优或印证优化的结果；优化法一般采用数学规划的方法，着眼于宏观分析和水资源空间配置，对所研究的优化目标函数和约束方程组求解，得出优化结果，即非劣解方案。

1. 模拟模型

模拟是一种用数学方法尽可能真实地描述系统的各种重要特性和系统行为的模型技术。水资源供需模拟是针对水资源的动态性，运用时历法进行水文长系列模拟，用以分析研究多种水源的组合规律。典型的水资源模拟模型是在给定的系统结构、参数以及系统运行规则下，对水资源系统进行逐时段的调度操作，得出水资源系统的供需平衡结果。水资源模拟模型是研究和解决水资源规划问题的一个重要模型，其对水资源系统的供需模拟，一方面可用于分析水资源系统的供需状况、工程供水保证率和有效供水量等问题；另一方面作为更高层次模型的子模型，通过与其他模型相结合，还可以用于分析不同规划水平年在不同的供水工程组合、节水措施以及污水处理回用能力等条件下，水资源动态供需平衡问题。模拟结果可以掌握水资源对地区社会经济发展的制约情况，为搞清方案的供水宏观效益及水环境效益等提供符合实际情况的分析结果。

模拟模型专长于解决“如果这样，将会怎样？”一类问题，是对拟定的一些比较方案进行模拟计算，得到多方案的各种评价指标值，然后进行评价择优。该模拟的优点在于不管系统多么错综复杂，只要事先确定调度原则和选择好有较佳代表性的确定型径流系列等输入信息就能顺利得出分析结果。它可以通过一系列的模拟计算来回答决策者关心的各种问题，发挥决策支持作用。通过不同运行规则模拟的结果来改善系统运行规则，也可以用来评价不同的规划方案。这种模型计算简单，不存在维数灾，适用于求解复杂条件下的水资源配置问题。

模拟模型的缺点是每一次模拟所得出的仅是许多不同系统方案中的一个方案信息。相应于各个不同方案，需要进行多次模拟。因此，模拟模型不能确定完整的可行域的边界，对于方案寻优决策来说，靠模拟进行方案比选，计算工作量大，且不能保证结果的最优性。

2. 优化模型

优化是专门用于解决“期望这样，应该怎样?”一类问题的有效方法，一般采用数学规划的方法，对所研究的优化目标函数和约束方程组求解，得到其最优方案。对于水资源配置来说，在资源限制条件下，如何更好地配置水资源，达到发挥水资源最大效用的目的，建立优化模型是最常用的手段。常用优化模型有线性规划模型、非线性规划模型、动态规划模型和多目标规划模型。

优化模型的优点是可以直接回答水资源配置中关于最佳方案的问题，是在期望目标下，寻找实现目标的最优途径，其结果不受人为因素的影响，具有科学性、合理性。而且能够定量地揭示区域经济、环境、社会多目标间的相互竞争与制约。

但优化方法除建模复杂外，目前尚存在一些自身难以克服的弱点，如非线性系统最优解稳定性问题、动态优化“维数灾”问题等。此外，对于复杂的水资源系统，由于它所涉及的系统规模大、因素复杂（包括政治、经济、社会和环境等各方面的因素），采用优化模型求解时变量过多，规模太大，必须进行大量的简化，而且模型本身的局限性和输入信息的不确定性以及随机性等因素的存在，使得模型的优化结果往往难以反映客观系统的真实最优状况。水资源利用的目标往往是多样的，这些目标间又常常是难以公度的，因此在优化中就形成多目标规划问题。多目标规划在寻优方法上可以借助单目标优化技术，但在寻优策略上往往要参与决策者的偏好，这就产生了最佳方案的搜索不得不与决策者的意愿协调的矛盾，使得人们对方案的“最优性”产生疑问。因此，目前水资源系统优化问题的研究不再一味地追求“解”的最优性，而注重方案的满意程度及可操作性。

#### 6.1.1.4 水资源优化配置模式分析

1. “以需定供”的水资源优化配置

“以需定供”的水资源优化配置是以经济效益最优为唯一目标的，认为水资源是“取之不尽，用之不竭”的。以过去或目前的国民经济结构和发展速度资料预测未来的经济规模，通过该经济规模预测相应的需水量，并以此得到的需求水量进行供水工程规划。这种思想将不同规划水平年的需水量及过程均作定值处理而忽视了影响需水的诸多因素间的动态制约关系，着重考虑了供水方面的各种变化因素，强调需水要求，通过修建水利水电工程的方法从大自然无节制或者说掠夺式地索取水资源。其结果必然带来不利影响，诸如河道断流，土地荒漠化甚至沙漠化，地面沉降，海水倒灌，土地盐碱化等。同时由于以需定供，没有体现出水资源的价值，毫无节水意识，也不利于节水高效技术的应用和推广，必然造成社会性的水资源浪费。因此，这种牺牲资源、破坏环境的经济发展模式，需要付出沉重的代价，只能使水资源的供需矛盾更加突出。

2. “以供定需”的水资源优化配置

“以供定需”的水资源优化配置，是以水资源的供给可能性进行生产力布局，强调资源的合理开发利用，以资源背景布置产业结构，它是“以需定供”的进步，有利于保护水资源。但是，水资源的开发利用水平与区域经济发展阶段和发展模式密切相关，如经济的发展有利于水资源开发投资的增加和先进技术的应用推广，必然影响水资源开发利用水平。因此，水资源可供水量是随经济发展相依托的一个动态变化量，“以供定需”在可供水量分析时与地区经济发展相分离，没有实现资源开发与经济发展的动态协调，可供水量的确定显得依据不足，可能由于过低估计区域发展的规模，使区域经济不能得到充分发展。这种配置理论也不适应经济发展的需要。

3. 基于宏观经济的水资源优化配置

以上两种水资源优化配置模式，要么强调需求，要么强调供给，都是将水资源的需求和供给分离开来考虑的，它们忽视了与区域经济发展的动态协调。于是结合区域经济发展水平并同时考虑供需动态平衡的基于宏观经济的水资源优化配置理论应运而生。基于宏观经济的水资源优化配置，通过投入产出分析，从区域经济结构和发展规模分析入手，将水资源优化配置纳入宏观经济系统，以实现区域经济和资源利用的协调发展。水资源系统和宏观经济系统之间具有内在的、相互依存和相互制约的关系。当区域经济发展对需水量要求增大时，必然要求供水量快速增长，这势必要求加大相应的水投资而减少其他方面的投入，从而使经济发展的速度、结构、节水水平以及污水处理回用水平等发生变化以适应水资源开发利用的程度和难度，从而实现基于宏观经济的水资源优化配置。

作为宏观经济核算重要工具的投入产出表只是反映了传统经济运行和均衡状况，投入产出表中所选择的各种变量经过市场而最终达到一种平衡，这种平衡只是传统经济学范畴的市场交易平衡，忽视了资源自身价值和生态环境的保护。因此，传统的基于宏观经济的水资源优化配置与环境产业的内涵及可持续发展观念不相吻合，环保并未作为一种产业考虑到投入产出的流通平衡中，水环境的改善和治理投资也未进入投入产出表中进行分析，必然会造成环境污染或生态遭受潜在的破坏。

4. 可持续发展的水资源优化配置

水资源优化配置的主要目标就是协调资源、经济和生态环境的动态关系，追求可持续发展的水资源配置。可持续发展的水资源优化配置是基于宏观经济的水资源优化配置的进一步升华，遵循人口、资源、环境和经济协调发展的战略原则，在保护生态环境（包括水环境）的同时，促进经济增长和社会繁荣。目前我国关于可持续发展的研究还没有摆脱理论探讨多实践应用少的局面，并且理论探讨多集中在可持续发展指标体系的构筑、区域可持续发展的判别方法和应用等方面。在水资源的研究方面，也主要集中在区域水资源可持续发展的指标体系构筑和依据已有统计资料对水资源开发利用的可持续性进行判别上。对于水资源可持续利用，主要侧重于“时间序列”（如当代与后代、人类未来等）上的认识，对于“空间分布”上的认识（如区域资源的随机分布、环境格局的不平衡、发达地区和落后地区社会经济状况的差异等）基本上没有涉及，这也是目前对于可持续发展理解的一个误区。因此，可持续发展理论作为水资源优化配置的一种理想模式，在模型结构及模型建立上与实际应用都还有一定的差距，但它必然是水资源优化配置研究的发展方向。

### 6.1.2　生态灌区的内涵及体现

#### 6.1.2.1　生态灌区的内涵

水是生态环境中最活跃的因子，水生态环境的改善依赖于水资源的需求状况与供给程度。地下水作为水资源的重要组成部分，其开发利用必然会对生态环境产生巨大影响。地下水与生态环境关系密切，在不同区域开发利用地下水会产生不完全相同的生态环境效应。地下水位的变化会引发一系列生态环境问题，地下水位过高会引发土壤盐渍化和沼泽化等，过低会引起土壤干化、沙化和天然植被衰败，即在一定的区域存在一个合理的地下

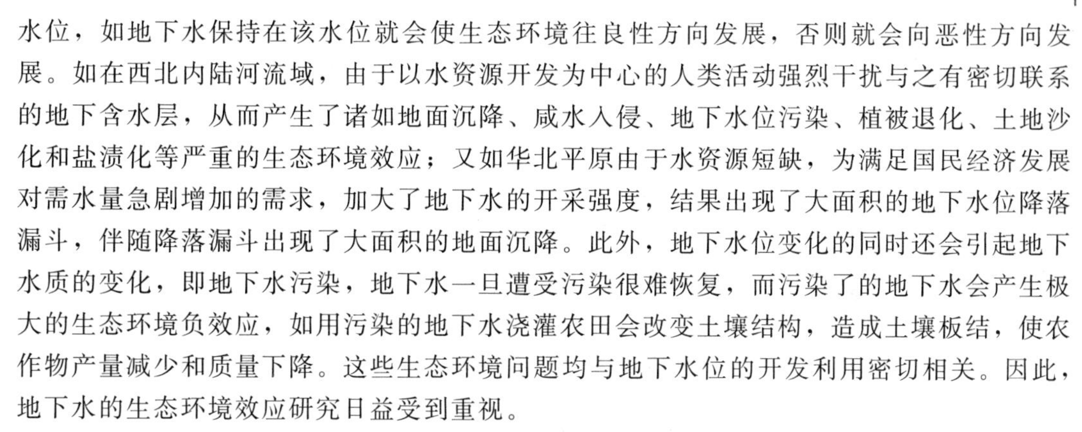

水位，如地下水保持在该水位就会使生态环境往良性方向发展，否则就会向恶性方向发展。如在西北内陆河流域，由于以水资源开发为中心的人类活动强烈干扰与之有密切联系的地下含水层，从而产生了诸如地面沉降、咸水入侵、地下水位污染、植被退化、土地沙化和盐渍化等严重的生态环境效应；又如华北平原由于水资源短缺，为满足国民经济发展对需水量急剧增加的需求，加大了地下水的开采强度，结果出现了大面积的地下水位降落漏斗，伴随降落漏斗出现了大面积的地面沉降。此外，地下水位变化的同时还会引起地下水质的变化，即地下水污染，地下水一旦遭受污染很难恢复，而污染了的地下水会产生极大的生态环境负效应，如用污染的地下水浇灌农田会改变土壤结构，造成土壤板结，使农作物产量减少和质量下降。这些生态环境问题均与地下水位的开发利用密切相关。因此，地下水的生态环境效应研究日益受到重视。

#### 6.1.2.2 生态灌区的体现

地下水位生态环境指标是指与生态环境状况密切联系的地下水和与地下水有关的各种临界指标的总称，如土壤含水量、土壤允许含盐量（作物耐盐度）、地下水矿化度、地下水位临界深度和地面控制沉降临界水位等，这些指标是水资源管理和生态环境保护的重要依据。如果采取一定的措施使地下水位和土壤水状态控制在临界指标范围内，便可以维系现有生态环境或者使生态环境得到改善；如果超过安全阈值，就会导致生态环境恶化。显然，这些生态环境指标阈值在不同区域是不一样的，应根据各地的实际情况确定相应的生态环境指标阈值。

1. 土壤含水量

植物生长所需水分主要靠土壤水分来保证，因此，土壤含水量是植物生长状况的重要指标。具体可用土壤适宜含水量和凋萎系数两个指标来表示。影响土壤含水量的因素主要有气候、潜水埋深、土壤质地等，在不同区域，这些影响因素所起作用大小不一样，如在干旱半干旱区，降水稀少，蒸发强烈，潜水是土壤水的主要补给来源，所以，土壤含水量的大小主要受地下水位埋深影响；又如在季风气候区，如地下水位埋深超过某一深度，则土壤含水量主要受降雨的影响。

2. 土壤含盐量

土壤含盐量对植物的生长有较大影响，而土壤质地、潜水埋深和矿化度等会影响土壤含盐量，因此，土壤含盐量指标也是一项重要的地下水位生态环境指标。土壤含盐量主要以土壤根层 0～40cm 厚度来计算，因为盐渍土的盐分多积累在耕作层，也是根系最为集中的土层。不同植物和农作物的土壤含盐量指标是有差异的。

3. 潜水矿化度

当潜水埋藏深度在植物适宜生长范围内时，潜水矿化度则对植物生长状态开始产生显著影响。水中的无机盐有些是植物需要的，但浓度高于植物根细胞液的浓度时，细胞中的水分会渗透出来，造成植物脱水萎蔫，形成与缺水同样的效果。不同种类的植物对所吸收水分的含盐量适应范围差别很大，但当潜水矿化度比较低时，各种植物普遍生长较好。植物对潜水矿化度也有最佳适应范围，超出此范围就会出现衰败。如塔里木河干流区主要植物生长良好的潜水矿化度一般不超过 3～5g/L，生长较好的潜水矿化度一般不超过 5～8g/L，大于 10g/L 绝大多数枯萎死亡。

4. 地下水位埋深

盐渍土中的盐分，是通过水分的运动且主要是由地下水运动带来的，因此在干旱地区，地下水位的深浅和地下水的矿化度的大小，直接影响着土壤的盐渍化程度。地下水位埋藏越浅，地下水越容易通过土壤毛管上升至地表，蒸发散失的水量越多，留给表土的盐分就越多，尤其是当地下水矿化度大时，土壤积盐更为严重。在干旱季节，不至于引起表层土壤积盐的最浅地下水埋藏深度，称为地下水临界深度。临界深度一般在 3m 左右，但并非一个常数，是因具体条件不同而异的，其影响因素主要有气候、土壤、地下水矿化度和人为措施。一般地，气候越干旱，蒸发量和降水量的比值越大，地下水矿化度越高，临界深度就越大。土壤对临界深度的影响，主要取决于土壤的毛管性能、毛管水的上升高度及速度。凡毛管水上升高度大，上升速度快的土壤，一般都易于盐化。土壤结构状况也影响着水盐运行，土壤的团粒结构，特别是表层土壤具有良好的团粒结构时，能有效地阻碍水盐上升至地表，临界深度可以较小。地下水位埋深与地表积盐关系密切。地下水位埋深大于临界深度时，地下水位低，地下水沿毛管上升不到地表，不积盐，土壤无盐碱化。地下水位高，地下水沿毛管上升至表土层，表层开始积盐。地下水位很高（小于临界深度），地下水沿毛管大量上升至地表，表层强烈积盐。

### 6.1.3　生态灌区水资源可持续利用综合评价

#### 6.1.3.1　概念

开展灌区水资源可利用量及其动态调配研究是为了满足灌区农业灌溉的用水需求，保证灌溉水资源、灌溉水环境与灌区经济的协调发展，合理地开发、利用灌溉水源，实现灌区水资源可持续利用，是可持续发展理论在灌区水资源管理领域中的具体体现和应用，也是灌区水资源可持续利用研究的重要量化方法之一。

可持续发展是近年来国际社会出现的一种新的发展思想和发展战略，并作为一种新的发展目标和发展模式，被世界各国普遍接受。目前，关于可持续发展概念的界定尚有许多争议，许多国际机构或专家从不同角度对可持续发展进行探讨。较权威的是 1987 年世界环境与发展委员会发表的研究报告《我们共同的未来》对可持续发展的定义："可持续发展是指既满足当代人的需要，又不损害后代人满足需要的能力的发展"。

灌区水资源可持续利用概念是在可持续发展框架下的灌区水资源利用的一种新模式。所谓灌区水资源的可持续利用是指在维持灌区水的持续性和生态系统整体性前提下，支持灌区资源、社会、环境与经济协调发展和满足代内、代际人用水需要的全过程，是水资源综合开发、利用、保护、防治和管理一体化的最合理利用方式。

#### 6.1.3.2　内涵

灌区水资源可持续利用内涵主要体现在四个量度：

(1) 灌区水资源可持续利用的首要量度是灌溉水资源的开发利用应保持在水资源承载能力范围之内，不应破坏其固有价值，保证灌区水资源开发利用的连续性和持久性。

(2) 灌区水资源可持续利用的第二个量度是在维持灌区水资源持续性和生态系统整体性的前提下，高效利用、合理配置灌区水资源，尽量满足灌区社会与经济不断发展的要求。

(3) 第三个量度是灌区水资源的开发不妨碍后人未来的开发，为后代人开发留下各种

选择的余地，永续地满足代内人和代际人的用水需要的全部过程。

（4）灌区水资源可持续利用的第四个量度是不妨碍灌区以外水资源的开发利用及其对水资源的共享利益。

**6.1.3.3** 特征

生态灌区水资源可持续利用具有区域性、复杂性、相对性的特点。

1. 区域性

对于不同的区域来说，它们的水资源条件、水资源利用效率、水资源可持续利用压力和能力差别很大。每个区域必须探索适合自己特点的水资源可持续利用模式，而不能只套用同一种模式。

2. 复杂性

水资源可持续利用是一个复杂的巨系统，涉及要素很多，要从整体观念出发，各方协作，才能实现。人类长期利用的水是在自然界通过全球水文循环可恢复、更新的淡水，水资源可持续开发利用应限制在其恢复、更新能力以内。因此，水资源可持续利用不仅仅涉及当地的水资源条件，而且还涉及当地水资源开发利用方式、废污水处理能力、社会经济条件等多方面内容，只有将各方面内容都协调好，才有可能实现水资源可持续利用。

3. 相对性

水资源可持续利用是相对于传统发展模式而提出的一种新的发展模式，因此，是否可持续只是相对而言，量化后的结果只是一种相对值，而不是绝对值。目前不同评价水资源可持续利用水平高低的指标体系，只能表示各水资源可持续利用水平的相对高低，而不是水资源可持续利用的绝对水平。

**6.1.3.4** 生态灌区水资源可持续利用综合评价方法

水资源可持续利用综合评价，实际上是对水资源可持续利用的能力和协调状况进行评价，是一种有方向性的评价过程，这一过程包含评价指标的建立、评价指标建立的原则、评价标准等，最终是要确定水资源与社会、经济、生态的协调程度。

灌区水资源可持续利用综合评价就是在灌区不同灌溉水源可利用量与灌区灌溉需水量供需平衡分析的基础上，运用定性与定量相结合的方法，建立相应的评价指标体系和相应的衡量标准，对灌区的水资源可持续利用状况进行综合评价。如果判断出灌区水资源处于可持续利用状态，也可证明计算得到的灌区不同灌溉水源可利用量结果是合理的。

目前水资源可持续利用综合评价方法主要有模糊综合评价法、投影寻踪方法、系统动力学方法、多目标分析决策方法。SMART 法、ELECTRE 法和 PROMETHEE 法等。

考察现有的评价方法，每种方法各有其优、缺点。事实上，SMART 法只能处理简单问题的排序问题；ELECTRE 法和 PROMETHEE 法均是基于优先关系的评价方法，适用的范围主要是指标数量不多，且大多是定性的问题。这三种方法满足科学性、先进性的要求，但对本次水资源开发利用评价这个特定的问题却不适用，一般评价者对这些方法也无认同感。投影寻踪法具有直观和可操作性强的优点，为涉及多个因素的水资源综合评价提供了一条新途径，但是由于所采用的样本过少，所建立的数学模型不够准确，容易产生模型误差。系统动力学方法把大量复杂因子作为一个整体，进行动态计算，具有系统可持续发展的观点，但模型有许多不足，例如模拟系统的内在关系的方程，模拟长期发展状况时参变量不好把握。多目标分析决策方法将目标优化问题转化为单目标优化问题，使原问题易于求解，模型运算速度快，效率高。其缺陷是目标之间不能直接进行比较和加权，为了获得Pareto最优解集，就得多次调整参数并执行优化过程，由于各次优化过程相互独立，往往得到的结果很不一致，令决策者很难有效地决策，而且非常费时。

灌区水资源可持续开发利用综合评价是一个比较典型的涉及多因素多指标的综合判断问题。而有许多难以定量的指标都是根据专家们的经验进行主观判断来确定的，并且这种评价还存在着结论的模糊性。许多指标往往不能用一个具体的点值来表现，只能用一个数值区域来表示，因而其评价结果具有模糊性。模糊综合评价法能比较全面地考虑各种因素的影响和相互作用，较好地反映了可持续利用等级划分界限的模糊性，实现了对水资源可持续利用评价的合理性和定量性分析，是一种有效的评价方法，这种方法的最大优点是不但能处理现象的模糊性，综合各个因素对总体的影响作用，而且能用数字来反映人的经验。因此，凡涉及多指标的综合判断问题，都可以用模糊评判法解决。模糊评判法能够较好地处理多因素、模糊性以及主观判断等问题。因此，本书结合大型灌区的实际状况，在参考以往专家学者研究成果的基础上，建立多层次模糊综合评价模型来评价灌区水资源可持续利用状况。各评价区域根据当地的实际情况和评价需要，在指标体系框架下，构建适用于当地水资源及其开发利用的评价模块，通过建立的立体动态评价模型，采用模糊层次综合评价法，分别对每个小模块以及整个基础评价指标体系进行系统评价。

### 6.1.4　生态灌区多水源多目标优化调配模型

#### 6.1.4.1　生态灌区多水源优化调配基本原则

1. 水源优化利用原则

大型灌区在满足农业灌溉的同时，同时兼顾工业、生活、生态环境用水，可调配的供水源涉及地表水、地下水、外调水、中水等，多水源利用通常可遵循如下的基本原则：优先使用有效降雨，后用蓄水和提水；先用近处的水，后用远处的水；先用本区域的水，后用外流域调水；合理利用地表水和地下水；分质供水。

2. 环境友好原则

我国大部分灌区位于水资源短缺地区，水资源严重不足，随着经济社会的快速发展，人类活动的加剧，灌区内生态环境遭到不同程度的破坏，农业生态和人类生存环境呈恶化趋势，严重制约了灌区经济社会的可持续发展。因此，灌区的水资源优化调配，应在追求灌区最大经济社会效益的同时，着重考虑生态环境目标，建立基于环境友好、水资源可持续利用的灌区多水源多目标优化调配模型。

3. 空间合理配置原则

大型灌区水资源禀赋空间差异大，加上引水渠道等水利工程的影响，水资源开发利用条件不同。在水资源自然禀赋较差的地区，不合理的水资源配置空间利用格局加剧了灌区水资源问题的产生。如在上游地区引水配套条件较好，渠水使用量大、地下水利用程度较低，存在盐碱化，而在灌区的下游，引水条件差，为满足工农业用水的需求，过量开采利用地下水，导致地下水位下降，地下漏斗面积扩大，机井报废率加大，地下水质变差。因此，灌区多水源优化调配应从灌区整体社会经济生态环境效益出发，在分析灌区上下游关系的基础上，通过多水源在空间上的合理布局和配置，追求灌区整体效益最优。

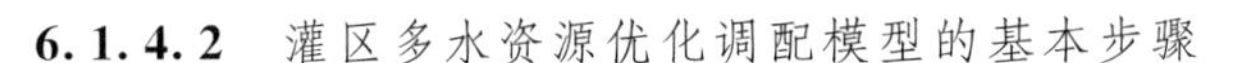

**6.1.4.2** 灌区多水资源优化调配模型的基本步骤

以灌区水资源可持续利用为基本原则，采用系统工程理论，以保质保量满足不同用户用水需求、追求灌区最大效益、改善灌区生态环境为目标，建立基于环境友好、水资源可持续利用的灌区多水源多目标优化调配模型，其步骤如下：

（1）根据区域发展规划确定水资源优化目标，可以采用经济效益最大化目标、缺水量最小目标以及可持续发展目标等。

（2）根据水资源优化调配目标建立数学模型，即用数学模型描述系统内各影响因素的特征以及相互影响关系和影响程度，并根据研究区域的具体情况建立约束条件，包括供水能力约束、需水约束等。

**6.1.4.3** 全灌区多水源调配模型

按灌区渠系，水源和其他自然地理特征将整个大的灌区分解，一个灌溉系统往往包括多渠系、多种水源，而且通常处于不同水文和地理特征的若干区域，因此可以根据以上这些特征将整个灌溉区域分解成若干个子区域。本书将按照具有水力关联的当地水库群、总干渠分水口门及分水支渠组合成相互独立的供需水调配系统来划分灌区，也就是子灌区。每个子灌区又是一个多水源、多用户的复杂系统，均可视为一个相对独立的水资源管理体系。但相邻灌区间存在相互调水的可能，因此在水资源开发利用上又存在相互联系和相互制约的关系。

为了建立整个系统的配水模型，首先需建立各子区的配水模型。在每个子区中，根据用水部门的行业性质，可将用水部门分成工业用水、农业灌溉用水、生活用水和生态用水四大类。灌区同样是一个多水源的复杂系统，水源分为外调水、地下水、当地地表水以及中水。外调水以及地下水优先用于固定用水量用户，即生活用水户及工业用水户，而随机性较大的不可控水源及多用于农业和生态环境用水，若外调水源及地下水用于生活及工业的供水量有所剩余，则将其配于农业和生态环境用水。污水回用水（中水）则多用于农业及生态环境用水。因此配水的过程应该先考虑生活用水和工业用水。

对于以供水为主要目的的系统，兼顾水资源的可持续利用及多水源的调配，本书将子系统缺水量最小作为该模型的目标函数。在目标函数中，考虑生活、工业、农业和生态环境四个用水部门的重要性及供水保证率不同，以其权重系数来协调各部门间的矛盾。供水水源：外调水、地下水、当地地表水、中水。用水部门：生活、工业、农业、生态环境用水部门。

1. 决策变量

决策变量为水源 $i$ 向用户 $j$ 的供水量 $Q_{ij}$，$i=1, 2, 3, 4$，$j=1, 2, 3, 4$。

2. 目标函数

以灌区水源供水综合效益最大为目标，即

$$
\begin{aligned}
N &= \max\left(\sum_{j=1}^{4} k_i \sum_{i=1}^{4} Q_{ij}\right) \\
&= \max\left(k_1 \sum_{i=1}^{4} Q_{i1} + k_2 \sum_{i=1}^{4} Q_{i2} + k_3 \sum_{i=1}^{4} Q_{i3} + k_4 \sum_{i=1}^{4} Q_{i4}\right)
\end{aligned}
$$

$$=\max\left(k_1\sum_{i=1}^{4}Q_{i1}+\partial_2 k_1\sum_{i=1}^{4}Q_{i2}+\partial_3 k_1\sum_{i=1}^{4}Q_{i3}+\partial_4 k_1\sum_{i=1}^{4}Q_{i4}\right) \tag{6-1}$$

式中　$N$——灌区水源供水综合效益，万元；

$Q_{ij}$——水源 $i$ 向用户 $j$ 的供水量，$m^3$；

$k_1$、$k_2$、$k_3$、$k_4$——分别为工业、生活、农业、生态环境用水单位产值，万元/$m^3$；

$\partial_2$、$\partial_3$、$\partial_4$——生活、农业、生态环境用水效益系数，以其单位用水对社会、经济、生态环境的效益，以工业单位用水效益为基础，通过专家打分，利用层次分析法求解。

水量在灌区各用水部门之间的最优分配模型的目标是灌区供水在工业、农业、生态环境、生活这四类用水部门的综合效益最大。而这四类部门的用水具有不同的社会、经济和生态环境效益，例如工业用水具有大的经济效益，然而它的环境效益却最低；生活用水、农业用水和生态环境用水的经济效益较低，然而社会效益和生态环境效益却较高。为了保证各类用水部门的协调发展，在对灌区的水资源配置时，需要将四类用水部门的用水效益进行统一折算，才能计算综合用水效益。本书在对四类用水部门的用水效益进行统一折算时，以单位工业用水效益为基准，根据其他用水效益的关系确定其单位用水效益。具体方法如下：

（1）工业用水效益。单位工业用水效益采用产值分摊方法，计算公式为

$$k_1=\frac{\mu}{W} \tag{6-2}$$

式中　$k_1$——单位工业用水效益，万元/$m^3$；

$\mu$——工业供水效益分摊系数 $Q_1$ 工业用水量，$m^3$；

$W$——工业万元产值耗水量，$m^3$/万元。

以单位工业用水效益为基准，用函数表示其他三类用户的用水效益（$Y$）与用水量（$Q$）关系，则单位生活用水效益为

$$k_2=r_2 k_1 \tag{6-3}$$

$$r_2=\begin{cases}\delta_2\\ \dfrac{\delta_2 D_{2\min}+\mu_2(Q_2-D_{2\min})}{Q_2}\\ \dfrac{\delta_2 D_{2\min}+\mu_2(D_{2\max}-D_{2\min})}{Q_2}\end{cases} \tag{6-4}$$

式中　$k_2$——单位生活用水效益，万元/$m^3$；

$\delta_2$，$\mu_2$——折算系数，且 $\delta_2>1$，$\mu_2<1$，根据生活用水的社会效益、环境效益以及经济效益与工业用水效益，以灌区发展目标、人口规模、经济实力作为准则因素，用层次分析法或德尔菲法确定；

$r_2$——生活用水效益系数；

$Q_2$——生活用水量，$m^3$；

$D_{2\max}$——最大生活需水量，$m^3$；

$D_{2\min}$——最小生活需水量，$m^3$。

（2）单位农业用水效益。

$$k_3 = r_3 k_1 \tag{6-5}$$

$$r_3 = \begin{cases} \delta_3 \\ \dfrac{\delta_3 D_{3\min} + \mu_3 (Q_3 - D_{3\min})}{Q_3} \\ \dfrac{\delta_3 D_{3\min} + \mu_3 (D_{3\max} - D_{3\min}) - \lambda_3 (Q_3 - D_{3\max})}{Q_3} \end{cases} \tag{6-6}$$

式中　$k_3$——单位农业用水效益，万元/$m^3$；

$\delta_3$，$\mu_3$——折算系数，且 $\delta_3 > 1$，$\mu_3 < 1$，$\lambda_3 > 0$，根据农业用水的社会效益、环境效益以及经济效益与工业用水效益，以灌区发展目标、人口规模、农业状况发展等作为准则因素，用层次分析法或德尔菲法确定；

$r_3$——农业用水效益系数；

$Q_3$——农业用水量，$m^3$；

$D_{3\max}$——最大农业需水量，$m^3$；

$D_{3\min}$——最小农业需水量，$m^3$。

（3）单位生态环境用水效益。

$$k_4 = r_4 k_1 \tag{6-7}$$

$$r_4 = \begin{cases} \delta_4 \\ \dfrac{\delta_4 D_{4\min} + \mu_4 (Q_4 - D_{4\min})}{Q_4} \\ \dfrac{\delta_4 D_{4\min} + \mu_4 (D_{4\max} - D_{4\min}) - \lambda_4 (Q_4 - D_{4\max})}{Q_4} \end{cases} \tag{6-8}$$

式中　$k_4$——单位生态环境用水效益，万元/$m^3$；

$\delta_4$，$\mu_4$——折算系数，且 $\delta_4 > 1$，$\mu_4 < 1$，$\lambda_4 > 0$，根据生态用水的社会效益、环境效益以及经济效益与工业用水效益，以灌区发展目标、人口规模、农业状况发展等作为准则因素，用层次分析法或德尔菲法确定；

$r_4$——生态用水效益系数；

$Q_4$——生态用水量，$m^3$；

$D_{4\max}$——最大生态需水量，$m^3$；

$D_{4\min}$——最小生态需水量，$m^3$。

3. 约束条件

（1）决策变量约束。

$$Q_{j\min} \leqslant Q_{ij} \leqslant Q_{j\max} \tag{6-9}$$

式中　$Q_{j\min}$、$Q_{j\max}$——分别为用水部门 $j$ 的最小、最大需水量。

（2）非负约束。

$$Q_{ij} \geqslant 0 \tag{6-10}$$

（3）供水能力约束。

$$\sum_{i=1}^{4} Q_{ij} \leqslant Q_N \tag{6-11}$$

式中　$Q_N$——水源 $i$ 的供水能力，$N=1$，2，3，4。

（4）可供水量约束。

$$\sum_{i=1}^{4} Q_{ij} \leqslant Q_k \tag{6-12}$$

式中　$Q_k$——水源的可供水量，$k=1$，2，3，4。

#### 6.1.4.4　灌区多水源优化调配模型

根据引水渠道，将灌区划分为若干个灌域，为实现每个灌域的最大经济环境效益，建立以灌域各时段外调水量、井灌水量为决策变量，包括两个方面、四个目标的多水源调配模型，即产量最大、灌排系统年运行费用最小、包气带含盐量尽可能低和地下水矿化度尽可能小。

鉴于Jensen相乘模型与其他水分生产函数模型更能反映作物各生育阶段之间相互作用对产量的影响，并且计算出的相关系数也较大，本书产量最大选用国际上通用的Jensen模型，目标函数为单位面积的实际产量 $Y_a$ 与最高产量 $Y_m$ 的比值最大，即

$$F_{\max} = \max\left(\frac{Y_a}{Y_m}\right) = \max\prod_{i=1}^{n}\left(\frac{ET_{ai}}{ET_{mi}}\right)^{\lambda_i} \tag{6-13}$$

式中　$ET_{ai}$——第 $i$ 阶段作物的实际耗水量，mm；

$ET_{mi}$——第 $i$ 阶段在充分供水条件下作物的耗水量，mm；

$Y_a$——实际产量，kg/hm²；

$Y_m$——最大产量，kg/hm²；

$\lambda_i$——作物缺水敏感指数。

$$ET_{ai} = \eta_y QY_{ji} + \eta_w QWA_{ji} + CP_i \tag{6-14}$$

式中　$\eta_y$——渠道引水利用系数；

$\eta_w$——地下水利用系数；

$QY_{ji}$——$i$ 时段的外调水；

$QWA_{ji}$——$i$ 时段的地下水；

$CP_i$——$i$ 时段的有效降雨量。

而灌排系统年运行费用最小、土壤含盐量最小以及地下水矿化度最小的数学表达式分别为

$$\min\sum_{j=1}^{m}\sum_{i=1}^{n}\left[\beta_Y QY_{ji} + \frac{0.01\beta_w(QWA_{ji}+QDW_{ji})(H_{j,i+1}+H_{j,i})}{2} + \beta D(QDF_{ji}+QDW_{ji})\right] \tag{6-15}$$

式中　$j$——灌区序号，$j=1,2,\cdots,m$；

$i$——时段（时刻）序号，$i=1,2,\cdots,n$；

$\beta_Y$——渠道引黄灌溉费用，元/m³；

$\beta_w$——机井抽水费用，元/(m³·m)；

$QY_{ji}$——$j$ 灌区 $i$ 时段外调水量，万 m³；

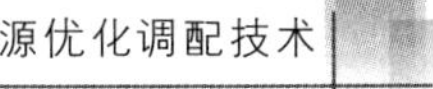

$QWA_{ji}$——井灌水量，万 $m^3$；

$QDW_{ji}$——井排水量，万 $m^3$；

$H_{j,i}$、$H_{j,i+1}$——$j$ 灌区 $i$ 时刻、$i+1$ 时刻地下水埋深，cm；

$QDF_{ji}$——排水沟排泄地下水量，万 $m^3$。

$$\min CW_{ji} \tag{6-16}$$

式中　$CW_{ji}$——$j$ 灌区 $i$ 时刻地下水矿化度，g/L。

$$\min CA_{ji} \tag{6-17}$$

式中　$CA_{ji}$——$j$ 灌区 $i$ 时刻包气带含盐量，‰。

灌域多水源优化调配模型的约束条件如下：

1. 引水渠道过水能力约束

$$QY_{ji} \leqslant 10^{-4} QY_{\max j} \Delta t_i \tag{6-18}$$

$$\sum_{j=1}^{m} QY_{ji} \leqslant 10^{-4} QYS_{\max} \Delta t_i \tag{6-19}$$

式中　$QY_{\max j}$——$j$ 灌区引水干渠过水能力，$m^3/s$；

$QYS_{\max}$——引水总干渠过水能力，$m^3/s$；

$\Delta t_i$——$i$ 时段长，s。

2. 机井抽水能力约束

$$QWA_{ji} + QDW_{ji} \leqslant 10^{-4} QW_{\max j} \Delta t_i \tag{6-20}$$

式中　$QW_{\max j}$——$j$ 灌区机井群的总抽水能力，$m^3/s$。

3. 可引黄水量约束

$$\sum_{j=1}^{m} QY_{ji} \leqslant 10^{-4} k_{qyt} QYT_{\max i} \Delta t_i \tag{6-21}$$

式中　$QYT_{\max i}$——$i$ 时段水行政主管部门分配给灌区的最大引黄流量，$m^3/s$；

$k_{qyt}$——引黄流量缩减系数，反映因黄河来水量减小而缩减灌区配水量的程度。

4. 灌区需水量约束

$$QY_{ji} + QWA_{ji} \geqslant k_{crop} D_{cropji} \tag{6-22}$$

式中　$D_{cropji}$——$j$ 灌区 $i$ 时段农业灌溉需水量，万 $m^3$；

$k_{crop}$——需水扩大系数，反映灌区为洗盐而加大灌溉水量的程度，$k_{crop} \geqslant 1$。

5. 生态环境需水约束

目前，区域生态环境需水量还存在不同的认识。模型认为灌区最小生态环境需水量应该是指维持灌区内生态环境基本平衡的生态环境需水量，其计算应以维护灌区生态环境不再恶化所需消耗的水资源量为最小生态环境需水量。

6. 浅层含水层水量均衡约束

$$\begin{aligned} -\mu_j F_j (H_{j,i+1} - H_{ji}) = {} & 0.1 \alpha P_j P_{ji} F_j + \alpha Y_j QY_{ji} + QBS_{ji} + QBL_{ji} - QBR_{ji} \\ & - \alpha W_j QWA_{ji} - QWA_{ji} - D_{ji} - QDW_{ji} - QDF_{ji} - WE_{ji} \end{aligned} \tag{6-23}$$

式中　$\mu_j$——$j$ 灌区给水度；

$F_j$——含水层面积，$km^2$；

$\alpha P_j$、$\alpha Y_j$、$\alpha W_j$——降雨入渗、引黄渠灌水入渗、井灌水回归补给系数；

$QBS_{ji}$——周边水侧渗补给量，万 $m^3$；

$QBL_{ji}$——潜流进入量，万 $m^3$；

$QBR_{ji}$——潜流流出量，万 $m^3$；

$P_{ji}$——$j$ 灌区 $i$ 时段降雨量，mm；

$D_{ji}$——城市农村生活及工业用水量，万 $m^3$；

$WE_{ji}$——潜水蒸发量，万 $m^3$。

其余符号意义同前。

7. 包气带盐量均衡约束

$$H_{j,i+1}F_j\rho_jCA_{j,i+1}-H_{ji}F_j\rho_jCA_{ji}=10^{-4}F_jP_{ji}CP_i+10^{-3}QY_{ji}CY_i+10^{-3}\frac{(QWA_{ji}+QW_{ji})(CW_{j,i+1}+CW_{ji})}{2}-VS_{ji} \tag{6-24}$$

式中　$\rho_j$——$j$ 灌区土壤干密度，$g/cm^3$；

$CA_{j,i+1}$——$j$ 灌区 $i+1$ 时刻包气带含盐量，%；

$CP_i$，$CY_i$——$i$ 时段降水、外调水的矿化度，g/L；

$CW_{j,i+1}$——$j$ 灌区 $i+1$ 时刻地下水的矿化度，g/L；

$VS_{ji}$——$j$ 灌区 $i$ 时段作物吸盐量，万 t。

其余符号意义同前。

8. 相邻灌区地下潜流交换量约束

$$QBL_{j+1,i}=QBR_{ji} \tag{6-25}$$

$$QBR_{ji}=0.1S_jk_j\sin\alpha_jT_i\frac{Z_{ji}-Z_{j+1,i}}{L_j} \tag{6-26}$$

式中　$S_j$——$j$ 灌区与 $j+1$ 灌区之间的过水断面积，$km^2$；

$k_j$——$j$ 灌区与 $j+1$ 灌区之间的渗透系数，m/d；

$\alpha_j$——流向与过水断面之间的夹角；

$Z_{ji}$，$Z_{j+1,i}$——$j$ 灌区，$j+1$ 灌区 $i$ 时段平均地下水位，m。

9. 浅层含水层盐量均衡约束

$$\begin{aligned}&(HS_j-H_{j,i+1})F_jn_jCW_{j,i+1}-(HD_j-H_{ji})F_jn_jCW_{ji}\\&=CGG_{ji}QGG_{ji}+CBS_iQBS_{ji}+QBL_{ji}\frac{CW_{j-1,i+1}+CW_{j-1,i}}{2}\\&-\frac{(WE_{ji}+QDF_{ji}+D_{ji}+QWA_{ji}+QDW_{ji}+QBR_{ji})(CW_{j,i+1}+CW_{ji})}{2}\end{aligned} \tag{6-27}$$

式中　$HD_j$——$j$ 灌区地下含水层底板距地表的埋深，cm；

$CW_{j-1,i}$，$CW_{j-1,i+1}$——$j-1$ 灌区 $i$ 时刻、$i+1$ 时刻地下水的矿化度，g/L；

$n_j$——$j$ 灌区土壤孔隙率；

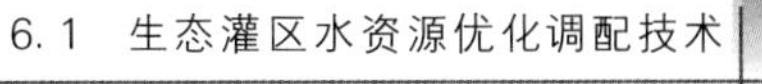

$CBS_i$——$i$ 时段周边水侧渗补给水量的矿化度，g/L。

其余符号意义同前。

10. 地下水埋深约束

为防治土壤盐碱化和避免形成水位降落漏斗，地下水埋深应控制在返盐临界埋深之下和允许最大开采埋深以上，即

$$H_{\min j} \leqslant H_{j,i} \leqslant H_{\max j} \tag{6-28}$$

式中 $H_{\min j}$——$j$ 灌区地下水允许开采的临界埋深；

$H_{\max j}$——$j$ 灌区地下水允许开采的最大埋深。

11. 决策变量非负限制

$$\left.\begin{array}{l} QY_{ji} \geqslant 0 \\ QWA_{ji} \geqslant 0 \\ \theta_w \leqslant \theta(i) \leqslant \theta_f \\ 0 \leqslant q(i) \leqslant Q_0 \\ 0 \leqslant D(i) \leqslant Q(i) \end{array}\right\} \tag{6-29}$$

### 6.1.5 模型求解技术和方法

#### 6.1.5.1 大系统分解协调优化过程

大系统，不能采用常规的建模方法、控制方法和优化方法来分析和设计，因为常规方法无法通过合理有效的计算工作得到满意的解答。大系统的特征：系统模型的维数高，规模庞大；系统的结构复杂，包含着很多相关联甚至相矛盾的子系统，整个系统的特性既体现在单独子系统的特性上，也体现在每个子系统之间的关联特性上；系统功能综合，往往含有多目标，而目标之间同样存在着相互矛盾对立的关系；随机性，系统往往处于不确定的环境中。

目前求解大系统优化的方法有：①直接方法，即利用一些有普遍适应性的优化方法来求解；②分解方法，即把原问题分解为独立的子问题，用一个迭代的协调过程使子问题的解逼近于原问题的解。

大系统的分解方法作为一种优化控制策略，其优点是：很可能既降低存储量，又减少计算时间；使系统的结构变得更加灵活，易于处理。把一个大系统分解成相对较小的子系统后，子系统之间的联系必须通过适当的途径来反映，以达到整体系统的最优，则需要与分解对应的另一概念，就是协调。协调有各种各样的方式，合理有效的协调算法是根据问题自身的特点而定的。

在递阶系统中，分解和协调是密切相关的两个基本过程。在分解过程中，可以按三种观点来划分子系统：①基于实际系统结构的分解；②基于计算量最小的分解；③基于决策问题数学结构的分解。但无论是哪一种分解，都应使每个子系统在协调器提供协调变量值的情况下，独立地求解各自的极值问题。为此，一方面将大系统的总体目标以适当的形式分配给每个子系统，另一方面在保持整体最优解不变的前提下，对每个子系统中的关联项作某些调整。协调过程是一个对总体目标寻优的过程。上级系统凭借它所能支配的协调变量去命令下级系统，使下级各子系统的动作协调起来，以便在求得各下级子系统的局部极值解的同时，获得大系统的整体最优解。既然协调器的任务在于从总体目标出发，沟通并

处理下级各子系统间的关联，那么就有一个依据何种原理和采用什么策略有效地调配下级系统的问题。归根到底是选择哪个变量作为协调变量的问题。为使协调能达到预期的目的，还要引入可协调性的概念。一个系统按某个原理是可协调的，是指该原理为可行的，并存在一个协调变量，使相应的协调条件得到满足。

灌区多水源多目标优化分配分解协调模型可分为三层大系统分解优化模型，如图6－1所示：第一层为单作物水量优化模型 1，以作物水分生产函数为基础，求解单作物水分充分灌溉条件下优化灌溉制度，为了把第二层多作物水量优化模型 2 分配给该种作物的灌溉水量在该作物的各个生育期内进行优化配置，以至于得到该子系统的最大效益，并将其反馈到第二层；为了把第三层各部门水量优化模型 3 分配给农业用水的灌溉水量，在灌区的各种作物间进行优化配置，并将配置方案传到第一层，接受第一层反馈的信息进行协调优化，达到第二层的最优后将信息传递到第三层；第三层为总体协调层，是求解灌区在工业、农业、生活、生态环境各用水部门之间水量优化配置的遗传算法模型，首先对各用水部门需水量预设初值，将其传递到第二层，接受第二层反馈的信息协调优化，实现总系统的综合效益最大。经过分解协调各级优化，可得出各种作物相应的最优灌溉制度，也可得出灌区最优配水过程。上述模型，将全灌区分为工业、农业、生态环境、生活这 4 类用水部门，其中在农业用水的配置中，根据作物的种类将其分为若干个子系统，通过分解协调降低了问题的维数，使之便于求解。

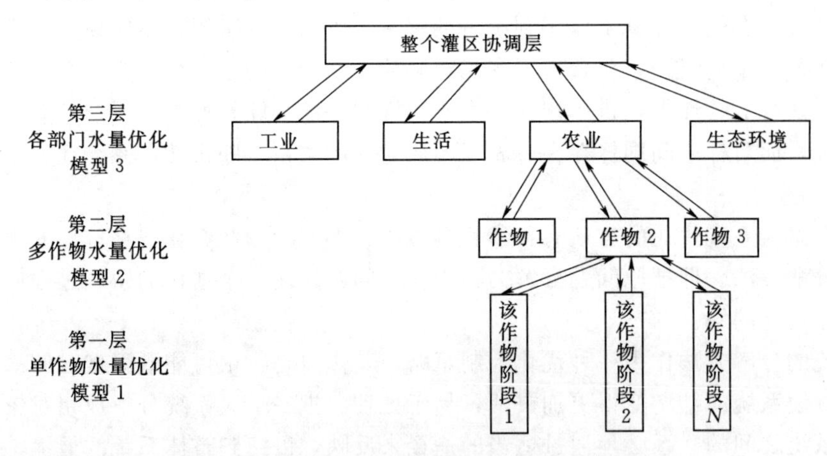


图 6－1　灌区多水源多目标优化分配分解协调模型

#### 6.1.5.2　引力搜索算法

引力搜索算法是最新的启发式搜索算法，它启发于牛顿的万有引力定律。在牛顿的万有引力定律，物体相互之间吸引的力被称为“万有引力”，并根据物体的质量来评估对象行为。

1. 引力搜索算法的原理

考虑一个带有 $K$ 个对象的系统，第 $i$ 个物体的位置定义为

$$X_i=(x_i^1,\cdots,x_i^d,\cdots,x_i^n),i=1,2,\cdots,k, \tag{6-30}$$

式中　$x_i^d$——第 $i$ 个物体位置距第 $d$ 个物体的方位。

施加在第 $i$ 个物体到第 $j$ 个物体的力定义为

$$F_{ij}^{d}(t)=G\frac{M_i(t)\times M_j(t)}{R_{ij}(t)+\varepsilon}[x_j^d(t)-x_i^d(t)] \tag{6-31}$$

式中 $M_j$，$M_i$——第 $j$ 个和第 $i$ 个的物体质量；

$\varepsilon$——一个极小的常量；

$G$——万有引力常数；

$R_{ij}(t)$——第 $i$ 个物体和第 $j$ 个物体间的欧几里得距离。

从第 $d$ 个物体方位施加到第 $i$ 个物体的力 $F_i^d(t)$，可由第 $d$ 个物体的受力权重和计算得出，即

$$F_i^d(t)=\sum_{j=1,j\neq i}^{k} rand_j F_{ij}^d(t) \tag{6-32}$$

式中 $rand_j$——在区间［0，1］之间的一个随机数。

来自第 $d$ 个物体方向的力，在时刻 $t$ 第 $i$ 个物体的加速度，$a_i^d(t)$ 计算式为

$$a_i^d(t)=\frac{F_i^d(t)}{M_{ii}(t)} \tag{6-33}$$

式中 $M_{ii}$——第 $i$ 个物体的惯性质量。

它下一刻的速率为 $V_i^d(t+1)$，位置为 $X_i^d(t+1)$，计算式为

$$v_i^d(t+1)=rand_i v_i^d(t)+a_i^d(t) \tag{6-34}$$

$$X_i^d(t+1)=X_i^d(t)+v_i^d(t) \tag{6-35}$$

引力质量和惯性质量由相应函数计算，估计引力质量和惯性质量是否相等。质量 $M_i(t)$ 计算式为

$$M_i=M_{ii},i=1,2,\cdots,k, \tag{6-36}$$

$$m_i(t)=\frac{fit_i(t)-worst(t)}{best(t)-worst(t)} \tag{6-37}$$

$$M_i(t)=\frac{m_i(t)}{\sum_{j-1}^{k} m_j(t)} \tag{6-38}$$

$$best(t)=\min_{j\in\{1,\cdots,k\}} fit_j(t) \tag{6-39}$$

$$worst(t)=\max_{j\in\{1,\cdots,k\}} fit_j(t) \tag{6-40}$$

式中 $fit_i(t)$——在时刻 $t$ 物体 $i$ 适应值。物体质量越大，表明物体吸引能力越大。这意味着能力更大的物体具有更大的吸引力，而且运动的更慢。适应函数为

$$fit(t)=-\min(MSE) \tag{6-41}$$

$$MSE=\frac{1}{L}\sum_{t=1}^{L}[\hat{x}(t)-x(t)]^2 \tag{6-42}$$

式中 $\hat{x}(t)$——估计信号；

$x(t)$——实际的噪声信号；

$L$——输入信号的时长。

本书将把惩罚函数法引入引力搜索算法中解决约束问题。具体做法是根据约束的特

点，构造某种惩罚函数，然后把它加到目标函数中去，将约束优化问题转化为无约束优化问题来求解。这种惩罚策略，对于在无约束问题求解过程中那些企图违反约束的迭代点给予很大的目标函数值（对于极小化而言是一种惩罚），迫使一系列无约束问题的极小点或者无限地靠近可行域，或者一直在可行域内移动，直到迭代点列收敛到原约束问题的极小点。

将转化后的无约束优化问题表示为

$$G(x)=F(x,x^*)+H(x)h(k) \tag{6-43}$$

式中　$F(x, x^*)$——适应度函数；

$H(x)$——惩罚因子；

$h(k)$——惩罚力度；

$k$——迭代代数。

惩罚因子 $H(x)$ 定义为

$$H(x)=\sum_{j=1}^{m}\mu[\varphi_j(x)]\varphi_j(x)^{\delta[\varphi_j(x)]} \tag{6-44}$$

其中，$\varphi_j(x)=\max\{0,g_j(x)\}$，$g_j(x)$ 为约束函数。

2. 主要步骤

GSA 算法的主要步骤如下：

（1）随机初始化。

（2）物体的适应评价。

（3）更新 $best(t)$，$worst(t)$，$M_i(t)$，$i=1,2,\cdots,k$。

（4）计算不同方向的合力。

（5）计算加速度和速度。

（6）更新物体的位置。

（7）重复步骤（2）和步骤（6），直到达到了停止标准。

#### 6.1.5.3　多目标优化技术

1. 多目标优化问题求解方法

所谓多目标优化问题是指在可行域中确定由决策变量组成的向量，使得一组相互冲突的目标函数值尽量同时达到最优。多目标优化的本质在于，在很多情况下，各个子目标有可能是相互冲突的，一个子目标的改善可能会引起另一个子目标性能的降低（这些在改进任何目标函数的同时，必然会削弱至少一个其他目标函数的解称为 Pareto 解），即要同时使多个子目标都一起达到最优是不可能的，而只是在他们中间进行协调和折中处理，使各个子目标都尽可能达到最优。多目标优化问题的最优解与单目标优化问题的最优解有着本质的不同，多目标优化问题的 Pareto 最优解仅仅是一可以接受的“不坏”的解，通常这样的 Pareto 最优解有很多个，而且各 Pareto 最优解之间也没有优劣之分。由于 Pareto 解集中任何一个解都可能成为最优解，因而设计者可以根据意愿和对各目标的重视程度，从 Pareto 解集中选出最满意的解。

设某一灌区，根据地理特征和行政区域，被划分为 $n$ 个区域。每个区域都种植有一种或多种作物在某一时间。通过水文预报以及对土壤、作物生长阶段等其他因素的分析，

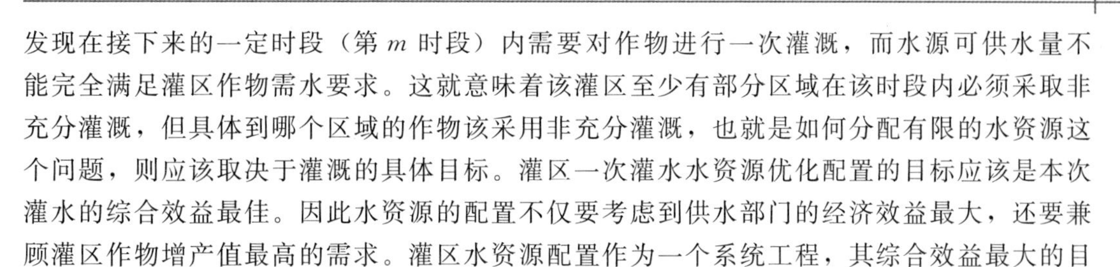

发现在接下来的一定时段（第 $m$ 时段）内需要对作物进行一次灌溉，而水源可供水量不能完全满足灌区作物需水要求。这就意味着该灌区至少有部分区域在该时段内必须采取非充分灌溉，但具体到哪个区域的作物该采用非充分灌溉，也就是如何分配有限的水资源这个问题，则应该取决于灌溉的具体目标。灌区一次灌水水资源优化配置的目标应该是本次灌水的综合效益最佳。因此水资源的配置不仅要考虑到供水部门的经济效益最大，还要兼顾灌区作物增产值最高的需求。灌区水资源配置作为一个系统工程，其综合效益最大的目标可以由以下模型来进行模拟。

$$\left.\begin{array}{c}\max[f_1(x),f_2(x)]\\ stG(x)\leqslant 0\\ x\geqslant 0\end{array}\right\} \tag{6-45}$$

式中　$x$——决策向量；

$f_1(x)$，$f_2(x)$——供水收益和作物增产值；

$G$——约束条件集，表示水资源总量及单位面积供水量等约束方程。

多目标优化模型求解方法大概可划分为两大类：传统的多目标优化问题求解方法和基于进化思想的多目标优化问题求解方法。

传统求解多目标最优化问题的一个重要和基本的途径是根据问题的特点和决策者的意图，将多目标问题转化为单目标问题求解。根据目标转化的原理不同，可以划分为评价函数法、分层排序法、目标规划法、功效系数法等。

传统的多目标优化方法将目标优化问题转化为单目标优化问题，然后再利用已经比较成熟的单目标优化方法来求解，使得原问题易于求解，模型运算速度快，效率较高，而且可以充分利用用户掌握的决策信息，直接得到符合决策条件的优化结果，避免了优化后的决策步骤，因此这些方法也得到了一定程度的应用。但是传统方法存在几个重大的缺陷，主要表现在：

（1）由于多个目标的物理意义和量纲之间存在差异，目标之间不能直接进行比较或加权。虽然可以用目标函数的无量纲化来解决这种差异，但这又增加了算法的复杂性，而且会引起目标空间的改变导致无法正常利用决策信息。

（2）利用传统方法求解多目标优化问题时，尤其是求解一些大型多目标问题时，需要决策者对所优化的问题有较强的先验认识来选取合适的参数，如果缺乏相关问题的经验，使得参数选取不当，导致产生不同的 Pareto 最优解，甚至得到的解很差。

（3）一些古典方法如加权法求解多目标优化问题时，对 Pareto 最优前端的形状很敏感，不能处理前端的凹部。

（4）传统优化方法通常一次只能得到一个 Pareto 最优解，然而，在实际决策中决策者通常需要多种可供选择的方案。为了获得 Pareto 最优解集，就得多次调整参数并执行优化过程，由于各次优化过程相互独立，往往得到的结果很不一致，令决策者很难有效地决策，而且非常费时。

（5）为了避免陷入局部最优，通常采用扩大邻域大小的方法，但是随着邻域的增大，算法的复杂性也将增加。

在实际的多目标优化问题中，其目标函数往往是非线性、非凸、不可微的甚至不连续或没有具体的函数表达式，对这些问题采用传统的优化技术非常困难甚至无法求解。进化算法是一种基于种群操作的优化技术，不需要导数或其他辅助知识，而只需要影响搜索方向的目标函数或相应的适应度函数，可以并行搜索解空间中的多个解，并能利用不同解之间的相似性来提高其并发求解的效率，非常适合求解多目标优化问题，是目前多目标优化研究的热点。从1985年Schaffer提出了向量评估遗传算法（简称VEGA算法），标志着从多目标进化算法（Multi-Objective Evolutionary Algorithm），简称MOEA算法的出现到现在，学术界已提出了许多多目标进化算法，其中比较有代表性算法包括遗传算法、模拟退火算法、蚁群算法、粒子群算法、差分演化算法等。

2. 基于模糊数学的多目标优化求解技术

由于多水源优化调配模型的目标函数不止一个，要想使得所有的目标函数都达到各自的最大值，这样的绝对最优解通常是不存在的。因此，在具体求解时，需要采取折中的方案，使各目标函数都尽可能的大。模糊数学规划方法可对其各目标函数进行模糊化处理，将多目标问题转化为单目标，从而求该问题的模糊最优解。模型为

$$\left.\begin{array}{l}\max Z=\lambda \\ \sum_{j=1}^{n} c_{ij} x_j-d_i \lambda \geqslant Z_i^*-d_i, i=1,2,\cdots,r \\ \sum_{j=1}^{n} a_{kj} x_j \leqslant b_k, k=1,2,\cdots,m \\ \lambda \geqslant 0, x_1, x_2, \cdots, x_n \geqslant 0\end{array}\right\} \tag{6-46}$$

最后求得模糊最优解为 $Z^{**}=C(x_1^*,\cdots,x_n^*)^{\mathrm{T}}$。

## 6.2 大功引黄灌区水资源配置

### 6.2.1 灌区水资源配置状况

随着国民经济的快速发展，大功灌区灌溉水资源短缺形势日趋严重。如单纯用引黄灌溉水源，则必须增加投资，修建排水系统等设施，才能达到水量平衡，保护生态环境，否则就会重演灌区大面积次生盐碱化的教训。如单纯用地下水资源灌溉，则地下水源不足，单靠降雨补源，势必造成地下水位下降，井泵抽不出水，大面积的地下漏斗。只有井渠结合，地下水、客水和降水的联合运用，适时适量地满足灌区灌溉需求，才是发展生产，保护生态环境，发展引黄灌溉的正确方向。

在对灌区灌溉水资源现状和供需平衡进行分析的基础上，提出了灌区灌溉水资源优化配置的模式，主要包括空间配置、时间配置、水源配置、工程布局模式等。

#### 6.2.1.1 空间配置

有效降雨量是灌区灌溉必不可少的灌溉水源，大功灌区灌溉首先充分利用灌区的有效降雨量。上游地区引黄配套条件较好，渠水使用量大、地下水利用程度较低，有轻度的盐碱化现象，对农作物的生长极为不利。灌区下游地区主要以开采地下水为主，地下水位下降，地下漏斗面积扩大，导致机井报废率加大，地下水质变劣。因此，调整灌溉多水源在

上、下游的关系，优化上游地区农业种植结构，适当多开采地下水，减少、节约引黄用水，增加下游引黄灌溉用水，促进下游减少灌溉开采地下水量。动态调配各灌溉水源在空间的分配，整体上规划灌区灌溉水源，以缩短灌区灌溉水源可利用量的区域差距，平衡全灌区灌溉需水量。

**6.2.1.2**　时间配置

非汛期农业灌溉，小流量引水容易引起泥沙在引水渠道的淤积，应尽量大流量引用黄河水，含沙量较小，基本满足灌溉水质要求。汛期降雨充分，灌区有效降雨利用量较高，地下水也丰富，农业灌溉主要是充分利用降雨和开采地下水。时间配置应按“动态用水计划”的要求，即是要充分考虑降水、黄河水情、土壤水分、地下水位等多种因素。灌区亏水时期主要时空分布，3—6月为主要亏水期，9月至翌年1月为次要亏水期；7—9月为主要盈水期，因此需要将灌区灌溉水源全年甚至多年的水量在时间上进行动态调配。

**6.2.1.3**　水源配置

农业生产要充分利用雨水，引黄水和地下水根据灌区不同作物不同时期对地下水和引黄水的各种需水要求，采取“以供定需，以供促需”的方法适时适量调配各种灌溉水源的可利用量，来满足灌区灌溉需求。

适宜的灌溉水源利用比例是实现灌区经济效益和生态效益以及灌区灌溉水源可持续发展的主要技术指标。大功灌区的灌溉水源中，有效降雨一般是不能调配的，灌溉水源的调配主要在地下水和引黄水间进行调配。调配方法有水量平衡法、动态规划法和线性规划法。各种灌溉水源动态调配的约束条件是防止次生盐碱化、开采地下水和灌溉用水效益最大。

**6.2.1.4**　工程布局模式

灌溉水资源的优化配置主要是为了提高灌区经济效益和生态效益，维持灌区灌溉水源可持续发展，为制定节水灌溉制度，高效节约灌溉水资源提供依据。合理的工程布局以灌溉水资源优化配置为指导，保证灌溉水资源优化配置顺利实施。现在灌区工程布局很不合理，灌区上游地下水丰富的地区，每千公顷耕地拥有机井120～135眼，中游地区每千公顷耕地拥有机井165～180眼，下游地区地下水开采度大，地下水埋深深，造成机井报废，机井出水量少，开采成本加大。中上游渠灌设施相对完善，有的淤积严重，下游渠灌设施缺乏，灌区渠灌工程和井灌工程联系不紧密，相对独立，不能很好地搭配，最大限度发挥灌溉效用。因此，为灌溉水资源的优化配置顺利实施，灌区迫切需要优化工程布局。

**6.2.1.5**　大功引黄灌区灌溉特色

大功引黄灌区在对进行地表水、地下水联合调度灌溉过程中形成了以下特色。

1. 调水原则

充分利用雨水，以渠控井，在空间和时间上合理调配渠井用水量，以满足农作物适时灌水，有利于防止盐碱涝渍发生，促进灌区农业生产发展，以取得最大的经济和社会效益为目标。

2. 渠井调水比例

在充分利用降水的前提下，根据黄河水情（流量、水位、含沙量等）、地下水埋深、作物需灌水量和灌水时期等，合理调配渠井灌溉水量，使之满足农作物需水要求，调控地下水埋深在2～4m，在减少潜水蒸发及防止土壤次生盐碱化的要求下，灌溉运行费用最

低，且能取得最佳灌溉效益。根据实测的各项参数，进行动态规划，求解各种水文年的最优井渠调水比例，即井灌水量与总灌水量的比值。由于地貌、地下水埋深及井渠工程条件不同，灌区内井灌渠灌比例也不尽相同，需分区而定。

3. 调配井渠时间

（1）2—5月：此阶段地下水埋深相对较深，土体又处于积盐阶段，采用渠水灌溉。小麦返青、拔节、灌浆及棉花播种这几次灌水宜采用渠灌。汛期的麦黄或晚秋播种，由于黄河水量较小，引黄渠水流量小而不稳，采用井灌或适当配以渠水，既可节约黄河水，同时还可为汛期腾空土壤库容，接纳更多的雨水。

（2）6—9月：此段时间为汛期，降雨多、地下水位浅，此间应充分利用降雨，需灌水时应首先考虑井灌，尽量避免渠灌。因为汛期黄河水含沙量大，引水必引沙，加重泥沙淤积。另可防止渠水与雨水重叠，加重涝渍危害。

（3）10月至翌年1月：这时期地下水处于降落时期，灌区习惯灌小麦播种水，需水量大，往往采用渠灌。小麦越冬期采用井灌，可降低地下水位，减轻翌年春季返盐，避免渠灌遇寒流，闸门冻坏等。

### 6.2.2　优化调配模型

1. 水资源优化配置模型的建立

大功引黄灌区上游地区引黄水量大、地下水开采量小、水位埋藏较低，局部地区已引起次生盐碱化，而灌区的下游地区引黄水量小、地下水开采量大，局部地区已形成地下水降落漏斗。

本书采用基于模糊数学方法和引力搜索算法求解多水源多目标优化调配问题，将原多目标优化问题转化为单目标优化问题。灌区多水源优化调配模型通常包括整个灌区水源供水综合效益最大以及灌域的产量最大、灌排系统年运行费用最小、土壤含盐量最小和地下水矿化度最低等目标函数。由此可见，灌区多水源调配模型是一个以多水源调配量为决策变量，追求多层次综合效益最大的优化模型，模型求解复杂。结合灌区的实际，为简化计算，降低多水源优化调配模型求解的难度，整个灌区的多水源优化调配模型目标函数为水源供水综合效益最大，时间尺度为年，而每个灌域考虑作物产量最大和土壤含盐量最小。不考虑灌排系统年运行费用最小目标主要因为大功灌区主要实施节水灌溉，人工排水较少；而不考虑地下水矿化度最低，主要考虑到大功灌区经过多年的治理，盐碱化已得到较好治理，而且土壤含盐量更能反映盐分对作物生成的影响。

大功引黄灌区水资源分配如图6-2所示。

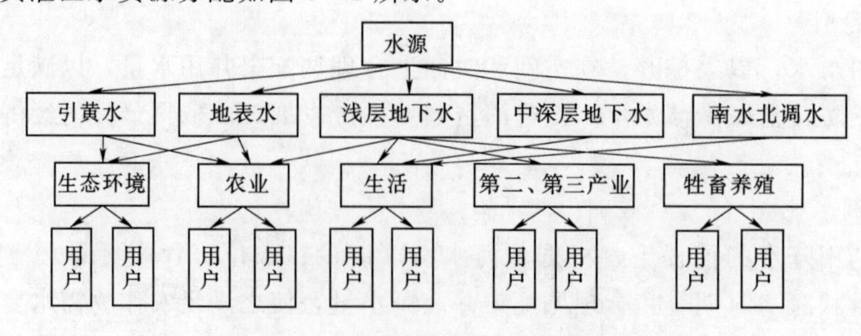


图6-2　大功引黄灌区水资源分配图

2. 目标方程的建立

根据多目标多水源模型建立目标方程。

(1) 需水目标方程为

$$\left.\begin{aligned}y_1&=a_1+b_1+c_1\\y_2&=a_2+b_2\\y_3&=c_2+d+e_1\\y_4&=c_3+e_2\\y_5&=c_4\end{aligned}\right\}\tag{6-47}$$

式中 $y_1$——农业需水量,亿 $m^3$;

$y_2$——生态环境需水量(包括水系景观和环卫绿化两部分),亿 $m^3$;

$y_3$——生活需水量(包括农村生活和城镇生活),亿 $m^3$;

$y_4$——第二、第三产业需水量,亿 $m^3$;

$y_5$——牲畜养殖需水量,亿 $m^3$;

$a_1$,$a_2$,$b_1$,$b_2$,$c_1$,$c_2$,$c_3$,$c_4$——分别为不同水源应用于不同目标的水量值,亿 $m^3$。

(2) 供水目标方程为

$$\left.\begin{aligned}x_1&=a_1+a_2\\x_2&=b_1+b_2\\x_3&=c_1+c_2+c_3+c_4\\x_4&=d\\x_5&=e_1+e_2\end{aligned}\right\}\tag{6-48}$$

式中 $x_1$——引黄水供水量,亿 $m^3$;

$x_2$——地表水供水量,亿 $m^3$;

$x_3$——浅层地下水供水量,亿 $m^3$;

$x_4$——中深层地下水供水量,亿 $m^3$;

$x_5$——南水北调水供水量,亿 $m^3$;

$d$,$e_1$,$e_2$——不同水源应用于不同目标的水量值,亿 $m^3$。

### 6.2.3 基于最严格水资源管理制度的水资源优化配置

在规划年(2020年)水资源供需平衡的基础上,结合多目标多水源方程,采用线性规划和计算机软件相结合的办法合理分配灌区的水资源。经计算,大功引黄灌区规划年水源优化配置结果见表6-1。

结合大功引黄灌区社会经济、水资源开发利用现状与规划、水利工程建设等诸多方面的实际情况,基于最严格水资源管理制度下的水资源优化配置综合分析结果如下:

(1) 灌区生活、生产、第二、第三产业和生态环境需水量均呈缓慢上升趋势。农业用水量有所下降。供水区引黄供水呈上升趋势,地下水开采量减少,考虑适当增加南水北调水来缓解非农业用水。

表6-1　　大功引黄灌区规划年水资源优化配置结果　　单位：亿 m³

| 行政分区 | 引黄水 | | | 地表水 | | | 南水北调水 | | | 浅层地下水 | | | | | 中深层地下水 | | 总计 |
|---|---|---|---|---|---|---|---|---|---|---|---|---|---|---|---|---|---|
| | 农业 | 生态环境 | 合计 | 农业 | 生态环境 | 合计 | 生活 | 第二、第三产业 | 合计 | 农业 | 第二、第三产业 | 生态环境 | 生态环境 | 合计 | 生活 | 合计 | |
| 新乡市 | 1.53 | 0.13 | 1.66 | 0.86 | 0.05 | 0.91 | — | — | — | 0.81 | 0.37 | 0.33 | 0.04 | 1.55 | — | — | 4.12 |
| 安阳市 | 1.15 | 0.07 | 1.22 | 0.36 | 0.03 | 0.39 | 0.25 | 0.17 | 0.42 | 0.94 | 0.22 | 0.11 | 0.05 | 1.32 | 0.23 | 0.23 | 3.58 |
| 鹤壁市 | 1.39 | 0.07 | 1.46 | 0.31 | 0.03 | 0.34 | 0.08 | 0.09 | 0.17 | 0.23 | 0.12 | 0.17 | 0.03 | 0.55 | — | — | 2.52 |
| 合计 | 4.07 | 0.27 | 4.34 | 1.53 | 0.11 | 1.64 | 0.33 | 0.26 | 0.59 | 1.98 | 0.71 | 0.61 | 0.12 | 3.42 | 0.23 | 0.23 | 10.22 |

（2）灌区以农业用水为主，综合效益不高，不利于灌区综合发展。为更好地实现水资源优化配置，应加大推行农业灌溉节水技术和灌区高效运行管理模式的保障措施，提高灌溉水保证率，将节约的水资源用于城镇及工业区发展、灌区生态发展中。

（3）在实际供水期间，应考虑充分使用引黄水量指标，适当增加引黄水量用于农业灌溉和生态环境，这样可以缓解灌区水资源的紧缺状况，并可有效遏制地下水超采的趋势，回补地下水；同时改善灌区河道的水质状况和生态环境，增加环境的湿度，减少地表湿度的光辐射，将对净化空气、调节区域小气候起到非常重要的作用。另外，在地下水埋深较浅、有可能引发盐碱化的地区则先利用地下水，如沿黄地区或引黄灌区；因黄河持续大量侧渗或大水漫灌而导致地下水位偏高，有可能引起土壤盐碱化，一般在每年8—9月，地下水位达到最高，应优先开发利用地下水资源，减少引黄水量的使用，将引黄水供给下游缺水区。在不影响河道水环境条件下，可将地表水用于农业生产和水系景观建设。南水北调水水质较高，用水成本也较高，可用于城镇生活和对水质要求较高的工业。

（4）灌区上下游统筹管理的问题。由于分散管理使得上下游用水出现上游用水充足、下游无水可用的现象。为了充分发挥工程效益，建议施行统筹管理、统一调度，推广实行自上而下的配水计划制订方式，配水计划具体到各取水口，按时段划分流量、水量。对整个灌区的水源工程、灌区建设、灌区扩建更新改造、灌区水资源调度等进行统筹安排。

（5）水资源实时监测与调控。采用高科技远程自动化监测、检测仪器，通过对灌区水资源使用信息的实时监测、反馈，由计算机软件系统作出适宜的实时水资源优化配置和调度方案，使得灌区管理更加科学化、智能化。

（6）灌区要建立最严格水资源管理制度和水资源优化配置相结合的用水管理制度，推进以用水总量、用水定额控制管理为重点的节水防污、生态保护、有偿使用、监管并重的水资源管理制度。

# 第7章

# 变化环境下河南省辖黄河水资源开发利用理念及战略规划建议

## 7.1 河南省辖黄河水资源开发利用回顾

黄河是我国第二大河，发源于青藏高原巴颜喀拉山北麓的约古宗列盆地，在山东省东营市垦利区注入渤海，全长5464km，流域面积79.50万$km^2$。黄河自陕西潼关进入河南省，西起灵宝市，东至台前县，横贯北部地区，流经三门峡、洛阳、济源、郑州、焦作、新乡、开封、濮阳等8个省辖市28个县（区）。滩区共有耕地200万亩，自然村庄1121个，97万余人。流域面积3.62万$km^2$，分别占黄河流域总面积的5.1%、河南省总面积的21.7%，河道总长711km，贯穿中原城市群。黄河水资源是中原地区最大的客水资源，同时也是河南省最为重要的、难以替代的客水资源，其开发利用对河南区域经济社会的发展起着举足轻重的作用。

### 7.1.1 21世纪前的河南省辖黄河水资源开发利用

黄河催生了中原文明的繁荣昌盛，成就了历史上河南长期作为全国政治、经济、文化中心的地位。8000年前的裴里岗文化、6000年前的仰韶文化、5000年前的龙山文化、炎黄文化等印证了中原地区人类社会的早期文明。从公元前21世纪中国第一个夏王朝建立后的3500年间，先后有20多个朝代建都或迁都中原，这与对黄河水资源的开发利用是密不可分的。

中华人民共和国成立后，在党中央、国务院的正确领导下，黄河彻底改变了长期以来“三年两决口、百年一改道”的历史，迎来了开发利用的新高潮。这一时期，为了尽快恢复生产，国家集中力量修建水利枢纽，整修加固江河堤防、农田水利灌排工程。例如，多次加高培厚黄河大堤，修建了三门峡水电站等水利工程，设置东平湖、北金堤两个滞洪区以及齐河和垦利两个展宽区。同时，为保障沿黄地区的农业发展，河南引黄灌溉事业得到了快速发展。1952年河南省建成黄河下游第一座引黄灌溉工程——人民胜利渠，开创了黄河下游引黄灌溉的先河，揭开了黄河造福人民新的一页；在此后的10年间，河南省引黄灌溉得到快速发展，相继建成了郑州市东风渠、兰考县三义寨人民跃进渠、新乡市共产主义渠和红旗渠四处大型引黄灌溉放淤工程以及濮阳渠村引黄灌区。这一时期引黄灌区西起卫河，东至豫鲁省界，南抵沙河，北达安阳。引黄灌溉还直接催生了农作物种植结构的变化。在20世纪60年代中期，郑州市、开封市沿黄一带在旱、涝、碱三灾俱全的土地上，引黄改种水稻获得成功，实现了增产增收。与此同时，引黄放淤改土也取得了重大进展。截至1982年，河南省辖黄河下游两岸200万亩盐碱沙荒地已完成放淤改土144.4万亩。

改革开放后，河南省辖黄河水资源的开发利用得到了快速的发展。随着黄河下游第三次大复堤的完成，部分险闸、虹吸和提灌站得以改扩建。1991—1993年，国家连续三年安排河南省引黄专项贷款1.5亿元，进行了灌区续建配套，新建了新三义寨和大功引黄补源灌区。2001年小浪底水利枢纽工程的建成运用，使得河南省沿黄地区的城市及工业供水保证率、灌溉保证率都得到了显著提高。

回顾1949—1999年河南省辖黄河水资源的开发利用历程可以看出，这一时期的河南省辖黄河水资源开发利用成绩斐然。同时，在水资源开发利用的过程中也存在不少问题，在当时的经济社会历史条件下，人们对水资源的开发仅局限在利用，对工程建成后的持续效应考虑不多，很多环境问题不突出或没有显露出来，过分强调人的主观能动性，注重避水害，兴水利，忽视了人类活动对自然环境的危害；注重依靠工程来开发利用水资源，而对开发水资源本身所要求的水土保持、污染防治、科学用水的研究不够深入；注重水资源的开发、利用和治理，不注重水资源的优化配置、管理和保护。这一时期的水资源开发利用主要以水利工程建设为主，该阶段的特点是以水利工程建设、大规模开发利用水资源为目标和指导思想来开展水利工作，是典型的工程水利阶段。

### 7.1.2 21世纪以来的河南省辖黄河水资源开发利用

进入21世纪以来，河南省辖黄河水资源的开发利用进入了新的发展时期。尤其是2002年河南黄河河务局供水局成立以来，河南省辖黄河水资源的开发利用更上层楼，进入了新的阶段，水资源的开发利用逐渐从工程水利转向资源水利。这一时期的水资源开发利用过程中，在依托水资源和水利工程的情况下，重视资源的优化配置、工程的数量和质量、工程的建设与管理等，把水资源的开发利用与国民经济和社会发展紧密结合，进行综合开发和科学管理，使水资源在整体上发挥最大的效益。

河南黄河河务局供水局（以下简称“供水局”）负责管理的黄河河南段引黄取水工程共50处，其中引黄涵闸47处、提水站1处、虹吸2处。其主要承担着郑州、开封、洛阳、新乡、焦作、濮阳等沿黄城市及地区的农业灌溉及生产生活用水任务。近年来，该供水局在河南省引黄供水的生产和管理及推进引黄水资源开发利用逐渐从工程水利向资源水利转变等方面做了大量卓有成效的工作。

*1. 农业用水方面*

为支持河南沿黄地区农业生产，供水局先后针对地下水资源被大量开采黄河调水调沙工作的不断实施，黄河主河道受到冲刷，河流水位明显降低，涵闸引水能力不足等情况，组织实施了一系列扩大引黄等工程。截至2015年，共建成各类引黄取水工程71处，设计引水能力近2000$m^3/s$，累计引水1300多亿$m^3$，大中型灌区26处，其中30万亩以上的大型灌区13处，灌溉面积1280万亩，抗旱补源380万亩，放淤改土172万亩，取得了显著的经济效益、生态效益和社会效益。这使得河南引黄灌溉得到了更好的发展，大大提高了引黄灌区的灌溉保证率，为河南沿黄地区乃至河南省的粮食增产丰收做出了重大贡献。

2. 工业用水方面

为保障河南沿黄地区工业用水，供水局先后针对多个地区工业近、中、远期的发展需求，结合各地黄河水资源开发利用情势及其水资源配置情况组织实施了一系列保障工业用水及用水管理措施。供水局近些年来为保障沿黄地区工业用水所做的工作，使得许多企业从源源不断的黄河水中受惠至今，有力的支撑了沿黄地区经济社会的发展。

3. 生活用水方面

面对不断变化的河南水资源情势，为促进沿黄城市经济社会的发展、实现黄河水资源的综合利用、保证城市用水、有效利用有限的水资源服务城市建设，供水局也先后对多地区进行了水资源优化配置规划。根据各城市需水情况，分析现有引黄供水工程需要如何调整，各引水工程取水量如何调整，对可能的用水方案进行了深入分析、优化选择，为河南沿黄城市的发展做出了重大贡献。

4. 生态环境用水方面

近些年来，经济社会的粗放发展，使得生态破坏与环境污染问题日益严峻，生态环境问题已对河南省的经济社会发展构成了现实威胁。面对不断恶化的生态形势，为改善沿黄地区的生态环境，供水局在黄河水资源的开发利用中注重生态用水的占比，保障了沿黄地区的生态用水，极大地改善了相关地区的生态面貌，为河南省的生态文明建设打下了坚实基础。

5. 应急保障用水方面

黄河下游引黄灌区属于易旱地区，加上近年来极端气候频发，抗旱任务愈加繁重。供水局先后组织实施了多项应急响应，结合引黄调蓄设施的建设，建立应对特大干旱和突发水安全事件的水源储备制度，以保障旱情紧急情况下农业用水和生活用水。2009 年春，河南省遭受了 1949 年以来最严重的旱情，河南省辖黄河应急供水，为沿黄灌区 1000 多万亩干旱麦苗解除了灾情，为河南省当年夏粮丰收做出了重要的贡献。

黄河水资源是河南沿黄地区的重要水源，在为河南粮食增产丰收、工业生产、城乡供水做出特殊贡献的同时，也对沿黄地区的绿化、生态环境改善起到了重要作用。黄河水资源的开发利用为河南经济社会的发展提供了强大的动力。黄河水已成为河南沿黄地区供水的支柱水源，是沿黄地区经济社会发展的命脉，在全省社会经济发展中占有举足轻重的地位。

然而，黄河是一条自然条件复杂、河情极其特殊的河流。近年来伴随着南水北调中线工程等大型水利工程的投入运营，河南引黄指标约束日益趋紧等情况的逐步显现，且南水北调中线只是缓解河南部分地区缺水问题，仍不能从根本上改变河南省缺水现状；随着经济社会的发展、人口不断增加、城市化进程加快和人民生活水平的逐步提高，工农业生产等水资源的需求量将越来越大，其供需矛盾亦会日趋尖锐，河南省的水资源格局正在发生着重大的变化。近年来，社会经济得到了快速持续发展的同时，由于粗放型经济的开发与利用，环境问题日益突出，亟待解决的问题日益增多。

面对新问题、新形势，如何基于生态和可持续发展理念进行水资源优化配置和变化的黄河水资源开发利用方式来提高用水效率，使得引黄水资源得到充分利用，以黄河水资源高效、永续地利用来支持河南省社会经济的可持续发展，已是当务之急。河南省辖黄河水资源开发利用任重而道远。

## 7.2　河南省辖黄河水资源开发利用理念

随着经济社会的发展，近些年来河南省水资源配置格局正在发生着重大的变化：

(1) 南水北调中线工程已全线通水，河南省受水区内生活用水向生态环境用水、生产（工业、农业）用水转移，其水资源配置格局发生了重大变化，伴随着的将是黄河水资源开发利用方式的变化。

(2) 河南省引黄指标约束日益趋紧、黄河干流引水已经逼近分配指标，河南干流引黄已经没有扩张性的开发潜力。如何基于新的水资源情况进行水资源优化配置、推行高效用水措施，以提高用水效率，使得引黄水资源得到充分的利用已迫在眉睫。

(3) 自2002年开始实施调水调沙以来，虽使下游主河槽过流能力得到了一定恢复，加大了过流能力，但同时也使同流量水位降低，造成引黄灌区由于水位降低，不能正常引水，导致黄河供水保证率降低；在调水调沙期间，由于黄河水含沙量大，且部分引黄灌区引渠又是土渠、弯道多，致使其极易淤积引渠；同时在调水调沙期间，可能出现由于流量增加，水位上涨，发生漫滩，也有可能冲垮引水口门或者冲入支流，改变了原有的河路等新情况。即调水调沙后，出现了同流量水位下降、供水保证率降低、引水口淤积、河道变形等四大问题。由于种种因素的作用，使得河南省面临着新的水资源形势。

近些年来河南省经济社会的迅速发展日益加深了生态环境危机，加剧了人与自然的诸多矛盾与冲突。如何推进河南省生态文明建设，如何实现河南省辖黄河可用水资源永续发展的思考已刻不容缓。

在河南省沿黄流域经济社会快速发展和黄河水沙情势、工程情况变化等新的水资源形势，以及新时期治水思路转变等情况下，为维持黄河健康，促进沿黄流域经济社会又好又快发展，根据河南省辖黄河可用水资源情况及经济社会发展要求，提出河南省辖黄河水资源开发利用新理念。

### 7.2.1　符合黄河流域水资源开发利用总体布局

黄河流域的治理开发与管理是一项复杂庞大的系统工程，既要解决矛盾特殊的水事问题，又要统筹协调流域与区域之间的管理关系以及流域内有关各方之间的利益分配关系。因此，黄河流域的治理开发与管理应坚持统筹兼顾、流域与区域相结合，统筹协调治理、开发、保护各方面的关系，正确处理整体与局部、远期与近期的关系，促进流域水利与区域水利协调发展，维持黄河健康。

河南沿黄地区应以黄河流域治理开发与管理的总体布局为依据，因地制宜，根据各地不同的自然条件、经济社会发展水平及治理开发现状，采取科学合理的水资源开发利用对策。

### 7.2.2　切实结合河南省重大发展战略

建设国家粮食生产核心区与建设中原经济区、郑州航空港经济综合实验区并称为“河南省三大战略目标”，且已作为三大国家战略规划相继实施，河南省在全国发展大局中的地位进一步提升。

身为全国粮食生产大省，保障国家粮食安全，河南省责任重大。2009年在国家新增千亿斤粮食生产能力规划中，河南省被赋予总量1/7的增产重托。为打造粮食生产核心区，保障粮食生产稳定增长，河南省重点建立了粮食生产稳定增长的投入、奖励补贴、科技创新、现代农业经营、农村土地流转、农村人力资源开发等11种机制。抓好粮食生产，不仅是河南省的政治责任和历史使命，也是河南省立足自身条件和优势，实施中原经济区战略的核心支撑。粮食生产核心区建设是新型农业现代化的前提，其内涵就在于探索如何走出一条新型工业化、新型城镇化与粮食安全共赢的崛起之路，以新型农业现代化促进新型工业化和新型城镇化。有了粮食生产核心区的支撑，中原经济区、郑州航空港经济综合实验区建设就有了腾飞的基础。有了粮食生产核心区的坚实基础，河南一定能够探索出一条“两不牺牲”“三化协调”“四化同步”的科学发展之路。

然而，国家粮食生产核心区建设等一系列的发展战略均离不开水资源的供给与支持。为使黄河水资源更好地服务于河南沿黄地区国民经济的发展，在河南省辖黄河水资源开发利用中，应充分考虑其服务于“建设国家粮食生产核心区”等河南省重大发展战略中，把黄河供水全面服务于地方经济作为搞好黄河水资源开发利用的根本指导思想。在全面实现黄河水量的科学调度、优化配置、合理利用、有效保护、全面节约的前提下，把精心实施黄河水量调度和搞好引黄灌区供水、工业用水、城市生活用水服务有机结合起来，坚持维持黄河健康的治黄新理念，全面推进黄河可持续发展供水。

### 7.2.3 着力提高引黄水资源利用效率

近年来，河南省引黄指标约束日益趋紧，尤其是2011年中央一号文件要求实施总量控制等水资源管理的“三条红线”，更进一步增加了引黄压力。黄河干流引水已经逼近分配指标，实际耗水量已经达到并略超年度分配指标。河南干流引黄已经没有扩张性的开发潜力。同时，随着沿黄地区人口不断增加、经济快速发展、城市化进程加快和人民生活水平的逐步提高，其对水资源的需求量将日益增加，水资源供需矛盾日趋尖锐。

面对此种情势，在可供水量不会明显增加的情况下，在河南省辖黄河水资源的开发利用中，唯有着力于提高引黄水资源利用效率，使其合理、高效、充分的利用到生产生活中，才能满足河南沿黄地区的经济社会及生态的发展需要。

### 7.2.4 加强抗旱与应急机制建设

河南沿黄地区属于易旱地区，加之近年来极端气候频发，抗旱等水资源应急任务显著增加。基于抗旱的经验教训，从长远来看，应在河南省辖黄河水资源开发利用中加强抗旱与应急机制建设：①制订抗旱工作预案方案，根据不同时段的供水能力和用水需求，全面掌握干旱缺水程度，认真算清水账，提前谋划应对措施，分类制定水源保障方案；②加强抗旱应急水源工程建设，加大资金投入，因地制宜兴建一批引调提水工程以及雨水集蓄利用工程等以保障应急情况下的供水；③完善抗旱水源调度方案，保障用水需要，使有限的水源发挥最大的效益。

通过制定抗旱工作预案方案，建设一批规模合理、标准适度的抗旱应急水源工程，以及完善抗旱水源调度方案并建立应对特大干旱和突发水安全事件的水源储备制度，来加强河南沿黄地区引黄水资源抗旱与应急机制建设，以保障旱情紧急情况下农业灌溉用水和城市用水。

### 7.2.5　工程措施与非工程措施并重

面对近年来黄河调水调沙后，其出现的同流量水位下降、供水保证率降低、引水口淤积、河道变形等问题，为保障黄河对沿黄地区的供水，在河南省辖黄河水资源开发利用过程中，必须采取引水口门上移等工程措施。同时，工程措施和非工措施两者是相辅相成的、密不可分、相互作用的。在水资源开发利用过程中，以工程措施为主要手段，非工程措施辅助工程措施，会使水资源开发利用的效果得到较大提升。水资源开发利用中工程措施旨在以技术手段、方法和应用，按照标准设计、建造的各种工程，达到合理利用、保护水资源；非工程措施旨在通过建立法律法规、政策、管理方法等措施来加深政府部门、公众的参与程度，辅助工程措施发挥功能，协调人与水之间的关系。只有将两者有机结合，才能使河南省辖黄河水资源开发利用取得较好的效果。

### 7.2.6　坚持水资源可持续利用与优化水资源配置

可持续发展战略，是指满足当前需要而又不削弱子孙后代满足其需要之能力的发展。水资源可持续发展意味着对水资源应合理的开发利用与保护，在水资源的开发利用中应全面协调、统筹兼顾、综合规划，协调“生产、生活、生态”三者之间的关系，坚持开发与保护并重；在水资源的管理利用上应该贯彻“节水优先，治污为本，多渠道开源”的方针，只有这样才能做到水资源的可持续发展。

河南省面临着引黄指标约束日益趋紧、黄河干流引水已经逼近分配指标等严峻的水资源形势，故在河南省辖黄河水资源开发利用中，更应充分结合可持续发展战略，对可用水资源优化配置，并加大对节约用水、高效用水的执行力度等，进而做到河南省辖黄河水资源的永续利用。

### 7.2.7　加强水生态建设

人类在经过漫长的奋斗历程后，在改造自然和发展社会经济方面取得了辉煌的业绩，与此同时，尤其是近些年来经济社会的粗放发展，使得生态破坏与环境污染问题日益严峻，对人类的生存和发展已构成了现实威胁。保护和改善生态环境，着力生态文明建设，是当下最为紧迫且艰巨的任务。保护生态环境，确保人与自然的和谐，是经济能够得到进一步发展的前提，也是人类文明得以延续的保证。党的十八大报告中强调了生态文明建设并首次提出“美丽中国”的理念，党的十九大报告再次明确提出“加快生态文明体制改革，建设美丽中国”。而河南省生态文明建设，是生态文明建设在河南省的具体实践，是贯彻和落实党中央政策理念的重要举措。

在生态文明建设中，水生态文明建设应先行。黄河作为河南省最大的客水资源，贯穿中原城市群，在黄河水资源的开发利用中充分的考虑水生态文明建设对于河南省的生态文明建设有着举足轻重的意义。

因此，在黄河水资源的开发利用中，充分考虑水生态文明建设，结合河南省辖黄河实际情况，大力推进生态水系规划建设和水资源联合调度研究，促进工程水利向资源水利转变，并向生态水利发展。在“维持黄河健康生命”的同时着力加强沿黄地区的水生态建设，提高水资源的循环利用率，提高单位水资源的产出量，努力向人水和谐的目标迈进。

### 7.2.8 切实执行最严格的水资源管理制度

最严格水资源管理制度的核心是统筹协调生活、生产和生态环境用水，以水资源承载能力为约束协调经济社会的发展，实现以水资源的永续利用支撑经济社会的可持续发展。其主要内容是对水资源管理执行“三条红线”控制制度：①建立水资源开发利用红线，严格实行流域与区域取水总量控制；②建立用水效率控制红线，坚决遏制用水浪费；③建立水功能区限制纳污红线，严格控制入河排污总量。

随着经济社会不断发展，今后相当长时间内，河南水资源供需矛盾将更加突出。从根本上破解水资源短缺的瓶颈出发，必须实行最严格的水资源管理制度，全面建设节水型社会，以水资源的节约使用、可持续利用保障经济社会的可持续发展。在河南省辖黄河水资源开发利用中，要把落实最严格的水资源管理制度作为水生态文明建设的核心，加快健全和完善其覆盖流域的用水总量、用水效率、水功能区限制纳污的“三条红线”控制。加快确立水资源开发、利用、配置与保护策略，强化用水需求和用水过程管理；加强建设项目水资源论证及取水许可审批管理，切实做到以水定需、量水而行、因水制宜；强化用水定额和用水计划管理。

## 7.3 河南省辖黄河水资源开发利用战略规划

针对南水北调中线工程已全线通水，黄河调水调沙后出现的同流量水位下降、供水保证率降低、引水口淤积、河道变形。河南省引黄指标约束日益趋紧、黄河干流引水已经逼近分配指标等新的水资源形势，基于河南省辖黄河水资源开发利用理念，提出河南省辖黄河水资源开发利用战略规划。

### 7.3.1 指导思想

以科学发展观为指导，认真贯彻落实党中央、国务院关于加快水利改革发展的精神，坚持人水和谐理念，把推动民生水利发展放在首要位置，把严格水资源管理作为加快转变经济发展方式的战略举措，全面协调、统筹兼顾、标本兼治、综合治理。针对河南当下面临的新的水资源情势，以保障河南沿黄及相关地区的供水安全、粮食安全、生态安全为重点，加强水资源的合理配置与保护，实行最严格的水资源管理制度，加快建设节水型社会。使得河南省可用黄河水资源得到更加高效、充分的利用和更加有力、有效的节约与保护，更好地促进河南省沿黄地区经济社会及生态的发展建设，进而实现河南省辖黄河水资源开发利用的可持续发展。

### 7.3.2 规划原则

（1）坚持以河南省辖黄河水资源开发利用理念为指导，促进河南省沿黄地区经济社会又好又快发展，着力实现黄河水资源的永续发展。

（2）坚持“先生活、后工业，先生态、后农业”，科学合理配置水资源。

（3）坚持以人为本，民生优先，着力解决人民群众最关心、最直接、最现实的水利问题，推动河南沿黄地区水利事业新发展。

（4）坚持人水和谐，在水资源开发利用过程中，既要考虑经济社会发展对黄河治理开发的需求，又要考虑维护水生态环境对经济社会发展的约束，顺应自然规律，合理开发、优化配置、全面节约、有效保护水资源。

（5）坚持改革创新，加快河南省辖黄河水资源开发利用保护与管理重点领域和关键环节的改革，充分利用市场机制合理配置水资源。

### 7.3.3　规划目标

河南省辖黄河水资源开发利用战略规划，旨在面临新的水资源形势下，更加合理地优化配置河南省可用黄河水资源，遵循“先生活、后工业，先生态、后农业”的规划原则，使得河南省可用黄河水资源得到更加高效、充分的利用和更加有力、有效的节约与保护，进而实现河南省辖黄河水资源开发利用的可持续发展，创造水资源与经济社会和生态环境协调发展，改善环境、维系生态平衡的发展大环境。更好、更有力地促进河南沿黄地区经济社会及生态的发展，进而服务于河南的水生态文明建设、粮食生产核心区建设、中原经济区建设等河南省重大的发展战略。

### 7.3.4　规划内容

为充分利用分配河南省辖黄河水资源，提高水资源的效益，从工程措施与非工程措施等方面对河南省辖黄河水资源开发利用进行了探讨和研究，对下阶段对黄河水资源更合理、科学、高效地开发利用具有指导意义。

1. 工程措施方面

（1）整修老旧引黄调蓄、灌溉设施，提高水资源利用效率。部分河南省引黄调蓄、灌溉设施因黄河水情变化、兴建年代久远或管理不善等原因，致使其引水能力不足、有效灌溉面积及灌溉保证率降低，工程效益大打折扣。而众所周知，水对于农业生产至关重要，河南省的农业用水需求量占到了总需水量的一半以上。为使河南省辖黄河水资源开发利用更好地服务于沿黄地区的农业发展及河南省国家粮食生产核心区建设等重大发展战略，必须要建立引黄渠道清淤长效机制，落实资金投入，疏浚引黄干、支渠，增加灌区引水能力，恢复渠道输水能力。整修和完善引黄调蓄、灌溉设施工程，防止“跑、冒、滴、漏”现象发生，提高水资源的有效利用率。

（2）新建引黄调蓄设施，扩大引黄。为切实解决黄河供水和河南经济可持续发展矛盾，并为国家粮食生产核心区建设保驾护航，就要加强合理的开源——扩大引黄，有选择性地、科学合理地修建引黄调蓄设施，加大非灌溉季节引黄水量，以充分利用国家分配引黄水量，提高引黄灌溉保证率。综合利用现有平原水库、沉沙池或背河洼地等，通过改造完善其蓄水条件，做到丰蓄枯用、冬蓄春用。逐步实施粮食生产核心区的引黄调蓄工程。

（3）着力推广农业节水措施，提高农业用水效率。河南省引黄农业灌溉要逐步由明渠输水变成管道输水，由自流灌溉变为压力灌溉，由粗放的传统灌溉变为现代化的自动控制灌溉，由灌溉制度变为按照作物的需求要求适时适量灌溉，实现农业灌溉领域的一场革命。改进田间灌水技术，改漫灌为沟灌或畦田灌，要长畦改短畦，宽畦改窄畦等。同时，还应普及农业用水节水常识，增强农民的节水意识等。

（4）大力发展城市供水管网建设，提高供水保证率。在河南省水资源形势日益严峻的大环境下，随着沿黄城市社会经济的发展、人口不断地增加、城市化进程的加快以及人民生活水平的逐步提高等水资源的需求量将越来越大，其水资源供需缺口势必会日益增大。同时，现有城市供水管网联网调度不够、部分管网布置不合理以及一些供水管网老化严重，致其供水保证率低，无法满足经济社会发展对水资源统一调配、高效利用的要求。因此，应在黄河水资源的开发利用中，加大城市供水管网建设，提高供水保证率，以更好地促进河南沿黄城市的快速发展。

（5）加强饮用水源保护工程建设。对于居民生活用水方面，应保障饮用水水源的水质，划分水源保护区域。在水源保护区内，发展有机农业或种植水源保护林，避免农药、化肥、畜禽养殖等面源污染，减少水土流失，涵养水源。同时加强点源污染治理，防治采矿等引起的地表水和地下水的污染，建立城镇污水集中处理厂，达标后统一排放。加强城镇环境卫生综合整治，健全污水管网设置，引导居民科学使用洗涤剂，做好废污水、垃圾处理，减少面源污染，逐步建立城镇饮用水源安全预警机制。制定合理的分阶水价政策，综合用水量、供水量等因素及时调整水价。加大居民节水教育宣传的政策扶持力度，以解决我国“政治有声，法律有形，公众无意识”的节水现状，提高公众的节水意识，扩大参与节水群体，增强居民对于水资源保护的强烈意愿。

（6）加强城市生态水系和灌区生态水系建设。除了看得到的农业、工业、城市用水，必须分配足够的水来保持生态系统的健康，大力构建水生态文明建设。中原经济区建设提出不以牺牲生态和环境为代价，大规模的生态保护与建设，必然需要黄河水资源作为保障。随着中原经济区建设，河南省辖黄河在生态用水方面，将实现从单纯注重经济发展用水，到经济用水与生态环境用水兼顾的转变。在维持黄河自身健康生命的前提下，在维持地下水适宜水位、维持河道生态基流、维持湖泊洼地适宜水面面积、保持河道泥沙冲淤平衡、维持城市水环境景观等生态环境需求中，提供不同程度的保障，并为中原经济区生态建设重点工程直接供水。

（7）加强抗旱应急水源工程建设。河南省沿黄地区属于易旱地区，且近年来极端气候频发，抗旱等水资源应急任务显著增加，应因地制宜兴建一批引调提水工程以及雨水集蓄利用工程等，来加强河南沿黄地区引黄水资源抗旱与应急机制建设，以保障旱情紧急情况下农业灌溉用水和城市用水，保障应急情况下的供水。

（8）加强重点水源工程建设。南水北调中线工程已全线通水，黄河调水调沙后面临着同流量水位下降、供水保证率降低、引水口淤积、河道变形、河南省引黄指标约束日益趋紧、黄河干流引水已经逼近分配指标等新的水资源形势，且河南省水源工程建设还存在着调蓄工程少，供水能力不足、水资源调配工程少，配置能力低部分引黄工程引水口门淤积严重，供水能力衰减，水源工程联网调度不够，供水保证率低等，诸多突出问题。因此面对河南省水资源短缺、供水能力不足、水资源配置能力低等突出问题，加大重点水源工程建设、提高水资源的保障能力具有重大的战略意义和深远的影响。

2. 非工程措施方面

（1）加强水资源优化配置规划。在黄河水资源开发利用中，面对不断变化的河南水资源情势，为实现黄河水资源的合理高效的利用，应综合考虑经济发展、生活需水、生态环境建设、水资源保护等，对水资源进行优化配置。

1）坚持干流支流的统筹利用。分配给河南省的引黄配额指标，有 19.73 亿 $m^3$ 在支流上，主要是伊洛河和沁河。伊洛河多年平均水资源量为 28.32 亿 $m^3$。按照河南省的指标细化成果，伊洛河耗水指标是 14.87 亿 $m^3$，目前实际的水资源利用量约为 6.5 亿 $m^3$，还有一定的开发潜力。

2）坚持上游下游的统筹利用。黄河贯穿中原经济区经济隆起带和中原城市群，是中原经济区最大的过境水资源。坚持上游下游的统筹利用，就是要根据中原经济区发展的生产力布局，统筹上下游的水资源利用。河南省已经将黄河取水许可总量控制指标细化到各地级市，需要各有关地市根据配置成果进一步细化到县。

3）鼓励多水源的优化配置。要针对各类水源的特点，制定相应的激励机制：①地表水与地下水的优化配置，要根据引黄灌区地下水的特点，在地下水位较高的地区通过有区别的价格和补贴政策，鼓励采取以井灌为主、引黄补源的灌溉模式；②南水北调水源与黄河水源的优化配置，南水北调水资源具有水质好、水价高、有最低消费等特点，要通过优质优价、价格补贴、区别税费等措施，利用好调水资源；③再生水的优化配置，通过税费免除、财政补贴等政策鼓励再生水的利用。

（2）加强水生态文明建设方面的探讨与研究。要实现从单纯注重为经济发展供水，到经济发展用水与生态环境用水兼顾的转变；要为维持地下水适宜水位、维持河道生态基流、维持湖泊洼淀适宜水面面积、保持河道泥沙冲淤平衡、维持城市水环境景观等生态环境需求提供不同程度的保障，并为生态建设重点工程直接供水。在水资源保护方面，要实现从单纯管理水量到水质水量统一管理，饮用水水源地和一般水体分别保护的转变；实现从单纯注重开发利用，到水源地涵养、供水排水、污水处理、再生回用的全过程管理，进行地表水、地下水的统一保护的转变。

在区域发展层次上，要兼顾除害与兴利、当前与长远、局部与全局，兼顾生态环境保护目标和社会经济发展目标，力争使长期发展的社会净福利达到最大；经济行为层次上，对黄河水资源需求与供给同时进行调控，使社会经济发展与水资源环境的承载能力相互适应。适应经济规律作用，依据边际成本替代准则，实施生产力布局调整、产业结构调整、水价格调整、分行业节水等措施，抑制需求过度增长并提高水资源利用效率；工程建设与调度管理层次上，要运用各种手段，改善黄河水资源的时空分布和水环境质量以满足河南经济发展需求，管理行为的重点在于通过对黄河水资源的统一管理和总量控制，使开发利用过程中的各种不经济性内部化。

（3）加大经济发展与用水平衡方面的研究。本着“科学调度、先急后缓、由远及近、分期供水”的指导思想，注重保障灌区下游偏远乡镇的生产生活供水，确保沿黄地区用水平衡。水资源供需方面，实现从单纯扩大供水能力以满足用水需求，到开源与节流并举；从依靠工程措施的外延型扩大供水规模为主，进化到依靠管理措施，提高用水效率的内涵性挖潜为主。农业灌溉实现从单纯扩大灌溉面积满足粮食需求，到提高灌溉效率并相应调整农林供水结构的转变，实现从大水漫灌的传统方式，到雨水、地表水、地下水补偿利用的设施化现代节水农业的转变；城市与工业供水，要实现从单纯扩大供水规模，到调整产业结构和进行水资源需求管理的转变；实现从以利用一次性水源为主，向提高水循环利用率方向努力，并积极开发替代性和再生性水源转变。

（4）加强运行机制研究，构建和谐用水局面。继续加强由地方相关部门负责组织，河务部门负责技术指导，灌区管理单位负责实施共同参与的三位一体运行机制研究，牢固树立“以人为本”的科学发展观和服务“三农”的思想观念，增强各方互信，以达到协调、互动、双赢的目的，促进用水局面的和谐发展，为沿黄农民增收、地方经济繁荣提供支撑。

(5) 积极推进水价改革。促进引黄水资源的充分利用与高效利用，必须针对性地制定引黄用水的价格制度，充分发挥水价的杠杆作用。要按照促进节约用水、降低农民用水支出、保障灌排工程良性运行、鼓励多水源统筹利用的原则，大力推进农业水价综合改革，落实农业排灌工程运行管理费用由财政适当补助的政策，探索实行农民在定额内用水享受优惠水价、超额用水累进加价的办法。积极落实水利工程供水、农业排灌用水免交营业税、非农业供水在未达到供水成本的情况下享受税收优惠等政策。还要研究通过提高工业与城市用水水价促进节约用水的机制，对工业与服务业用水逐步实行超定额累进加价制度，推行城市居民用水阶梯价格制度。

总之，黄河水资源开发利用已为河南沿黄地区的经济建设、社会发展以及生态和谐做出了重大贡献。接下来，我们应切实结合生态文明建设，贯彻可持续发展、不断优化水资源配置，着力于提高引黄水资源利用效率，抓住中原经济区建设的重大机遇，加快河南省辖黄河水资源开发利用与保护，使得河南可用黄河水资源得到更加高效、充分的利用和更加有力、有效的节约与保护，进而实现河南省辖黄河水资源开发利用的可持续发展。更好、更有力地促进河南沿黄地区经济社会及生态的发展，进而服务于河南的水生态文明建设、粮食生产核心区建设、中原经济区建设等河南省重大的发展战略。

# 参 考 文 献


[1] 刘文. 我国农业水资源问题分析 [J]. 生态经济，2007，(1)：63-66.

[2] 张光辉，费宇红，刘克岩. 海河平原地下水演变与对策 [M]. 北京：科学出版社，2004.

[3] 雷志栋. 塔里木河流域四水转化关系的认识 [A]//毛德华. 塔里木河流域水资源、环境与管理学术会议论文集 [C]. 北京：中国环境科学出版社，1998. 63-72.

[4] 夏军，刘德平. 湖北平原水网区水文水资源系统模拟研究 [J]. 水利学报，1995，11：46-55.

[5] 康绍忠，蔡焕杰，刘晓明，等. 农田“五水”相互转化的动力学模式及其应用 [J]. 西北农业大学学报，1995，23 (2)：1-8.

[6] 夏军，王纲胜，吕爱锋，等. 分布式时变增益流域水循环模拟 [J]. 地理学报，2003，58 (5)：789-796.

[7] 胡和平，汤秋鸿，雷志栋，等. 干旱区平原绿洲散耗型水文模型——Ⅰ模型结构 [J]. 水科学进展，2004，15 (2)：140-145.

[8] 汤秋鸿，田富强，胡和平. 干旱区平原绿洲散耗型水文模型——Ⅱ模型应用 [J]. 水科学进展，2004，15 (2)：146-150.

[9] 周爱国，马瑞，张晨. 中国西北内陆盆地水分垂直循环及其生态学意义 [J]. 水科学进展，2005，16 (1)：127-133.

[10] 王浩，王建华，秦大庸，等. 基于二元水循环模式的水资源评价理论方法 [J]. 水利学报，2006，37 (12)：1496-1502.

[11] 张银辉，罗毅. 基于分布式水文学模型的内蒙古河套灌区水循环特征研究 [J]. 资源科学，2009，31 (5)：763-771.

[12] 代俊峰，崔远来. 基于 SWAT 的灌区分布式水文模型——Ⅰ模型构建的原理与方法 [J]. 水利学报，2009，40 (2)：145-152.

[13] 代俊峰，崔远来. 基于 SWAT 的灌区分布式水文模型——Ⅱ模型应用 [J]. 水利学报，2009，40 (3)：311-318.

[14] 夏军，叶爱中，王蕊，等. 跨流域调水的大尺度分布式水文模型研究与应用 [J]. 南水北调与水利科技，2011，9 (1)：1-7.

[15] Green W H，Ampt G A，Studies on soil physics：I. Flow of air and water through soils [J]. J Agric Sci，1911，4：1-24.

[16] Bardossy A，Disse M. Fuzzy. Rule-based models for infiltration [J]. Water Resource Res，1993，29 (3)：373-382.

[17] Brakensiek D L，Raws W J. Agricultural management effects on soil water process，part Ⅱ：Green and Ampt parameters for cursting soils [J]. Trans Am Soc Artic Eng，1983，26：1753-1757.

[18] Silburn D M，Connolly R D. Dietributed parameter hydrology model (ANSWERS) applied to a range of catchment scales using rainfall simulator data. I：Infiltration modeling and parameter measurement [J]. J Hydro，1995，172：87-104.

[19] Horton R E. Therole of infiltration in hydrologic cycle [J]. Trans. A. G. U.，1931，12：189-202.

[20] Philip J R. Plant Water Relations：Some Physical Aspects [J]. Water Resource Res Physiology，1966，17：245-268.

[21] Biospheric Aspects of Hydrological Cycle. The Operational Plan. IGBP：A Study of Global Change of ICSU [M]. IGBP Report No. 27，Stokholm，1993. 1-84.

[22] Reginato R J. Remarks on hydrolic terminology [J]. Eos Trans. 1942，23：479-749.

[23] Idso S B，Jackson R D，Reginato R J. Estimating evaporation：a technique adaptable to remote

sensing [J]. J Agric Sci, 1975, 189: 991 - 992.

[24] Jackson R D, Reginato R J, Idso S B. Wheat canopy temperature: a practical tool for evaluating water requirements [J]. Water Resour. Res, 1977, 13: 651 - 656.

[25] Suguin B, Itier B. Using midday surface temperature to estimate daily evaporation from satellite thermal IR data [J]. Int. J. Sens, 1983, 4 (2): 371 - 383.

[26] Hussein O Farah, Wim G M Bastiaanssen. Impart of spatial variations of lan surface paramenters on regional evaporation: a case study with remote scnsing data [J]. Hydro. pro, 2001 (15): 1585 - 1607.

[27] T Schmugge, S J Hook, C Coll. Recovering surface temperature and emissivity from thermal infrared multispectral data [J]. Remote Sens, 1998, 65: 121 - 131.

[28] Jen - Hwua Chen, Chun - E Kan, Chih - Hung Tan. Use of spectral information for wetland evapotranspiration assessment [J]. Water Resource Res 2002, 55: 239 - 248.

[29] Tim R Mcvicar, David L B Jupp. Estimating one - time - of - day mctcorological data from standard daily data as inputs to thermal remote sensing based energy balance models [J]. J Hydro, 1999 (96): 219 - 238.

[30] W G M Bastiaanssen, K M P S Bandara. Evaporative depletion assessments for irrigated watersheds in Sri Lanka [J]. Irrig. Sci, 2001 (21): 1 - 15.

[31] 雷志栋，杨汉波，倪广恒，等. 干旱区绿洲耗水分析 [J]. 水利水电技术，2006，37 (1): 15 - 20.

[32] 雷志栋，胡和平，杨诗秀，等. 塔里木盆地绿洲耗水分析 [J]. 水利学报，2006，37 (12): 1470 - 1475.

[33] 雷志栋，黄聿刚，杨诗秀，等. 渭干河平原绿洲耗水过程及特点 [J]. 清华大学学报，2004，44 (12): 1664 - 1667.

[34] 张俊娥，陆垂裕，秦大庸，等. 基于分布式水文模型的区域“四水”转化 [J]. 水科学进展，2011，22 (5): 595 - 604.

[35] 张永勇，王中根，夏军，等. 基于水循环过程的水量水质联合评价 [J]. 自然资源学报，2009，24 (7): 1308 - 1314.

[36] 牛永华. “四水”转化关系的研究与分析 [J]. 山西水利技术与应用，2011，1: 48 - 49.

[37] 王加虎，李丽，李新红. “四水”转化研究综述 [J]. 水文，2008，28 (4): 5 - 8.

[38] 蒋任飞，阮本清. 基于四水转化的灌区耗水量计算模型研究 [J]. 人民黄河，2010，32 (5): 68 - 71.

[39] Das Gupta A, Onta PR. Sustainable groundwater resources development [J]. Hydro. Sci. J, 1991, 42: 565 - 581.

[40] Ding H - W, Zhang H - S. Changes of groundwater resources in recent 50 years and their impact on ecological environment in Hexi Corridor [J]. J Hydro, 2002, 17 (6): 691 - 697.

[41] 赵春晖，刘正茂. 绥滨灌区排水对黑龙江和松花江水质的影响预测 [J]. 水资源保护，2005，2 (3): 25 - 28.

[42] 李万义. 适用于全国范围的水面蒸发量计算模型的研究 [J]. 水文，2000，4 (20): 13 - 16.

[43] Chong S K, Green R E, Ahuja L R. Infiltration prediction based on estimation of Green - Ampet wetting front pressure head from measurements of soil water redistribution [J]. Soil Sci Soc Am J, 1982, 46: 235 - 238.

[44] 徐建新，黄强，沈晋. 灌区节水防盐设计理论及实践研究 [J]. 西安理工大学学报，1999，15 (3): 30 - 33.

[45] 李保国，李韵珠. 水盐运动研究 30 年 (1973—2003) [J]. 中国农业大学学报，2003 (Z1):

17-22.

[46] 石元春，李保国. 区域水盐检测预报 [M]. 石家庄：河北科学技术出版社，1991.

[47] 赵丹，邵东国. 灌区水资源优化配置方法及应用 [J]. 农业工程学报，2004 (4)：69-73.

[48] 岳卫峰，杨金忠. 内蒙古河套灌区义长灌域水均衡分析 [J]. 灌溉排水学报，2004 (6)：53-58.

[49] 胡安焱，高瑾. 干旱内陆灌区土壤水盐模型 [J]. 水科学进展，2002，6 (13)：44-51.

[50] 董新光，姜卉芳. 内陆盆地的盐分布于平衡分析研究 [J]. 水科学进展，2005 (5)：36-40.

[51] 刘丰，董新光. 新疆平原灌区综合排水措施与模式 [J]. 干旱区研究，2006 (4)：46-53.

[52] 王学全，高前兆. 内蒙古河套灌区水盐平衡与干排水脱盐分析 [J]. 地理科学. 2006 (4)：20-25.

[53] 雷志栋，苏立宁. 青铜峡灌区水土资源平衡分析的探讨 [J]. 水利学报. 2002 (6)：94-98.

[54] 张蔚榛，沈荣开. 地下水文与地下水调控制 [M]. 北京：中国水利水电出版社，1988.

[55] 杨劲松，陈小兵，胡顺军，等. 绿洲灌区土壤盐分平衡分析及其调控 [J]. 农业环境科学学报，2007，26 (4)：1438-1443.

[56] 周晓斌，孙立新. 浅谈水资源优化配置 [J]. 工程科技，2001，(4)：299.

[57] 康绍忠，李永杰. 21 世纪我国节水农业发展趋势及其对策 [J]. Transactions of the CSAE，1997，(4)：1-7.

[58] 余艳玲. 灌区水资源优化配置模型的建立及应用 [J]. 云南农业大学学报，2010，25 (5)：703-720.

[59] 邓建绵，刘铁军. 关于我国水资源优化配置的研究 [J]. 中国工程咨询，2004，(7)：34-35.

[60] 李令跃，甘乱. 试论水资源合理配置和承载力概念与可持续发展之间的关系 [J]. 水科学进展，2000，11 (3)：307-313.

[61] 徐淑琴，付强，王晓岩. 灌区水资源可持续利用规划理论与实践 [M]. 北京：中国水利水电出版社，2010.

[62] 曲炜. 西北内陆干旱区水资源可利用重研究 [D]. 南京；河海大学. 2005.

[63] 郭周亭. 水资源可利用量估算初步分析 [J]. 水文，2001，21 (5)：24-28.

[64] 雷志栋，尚松浩，杨诗秀，等. 叶尔羌河平原绿湖水资源可利用量的探讨 [J]. 灌溉排水，1999，18 (2)：10-13.

[65] S A Soliman，G S christensen. Application of functional analysis to optimization of Avariable head mltireservoir power system for long-term regulation [J]，Water Resour. Res.，1986，22 (6)：852-858.

[66] Loucks，D. P.，P. J. Dorfman. An evaluation of some linear decision rules in chance constrained models for reservoir planning and operation Water Resour [J]. Res. 1975，11：777-782.

[67] Askew A. J. Chance—constrained danamic programming and the optimization of water resources system [J]. Water Resour. Res. 1974，10：1099-1106.

[68] Wurbs R. A. Reservoir system simulation and optimization models [J]. Water Resour. Plan. Manage. ASCE，1993，119 (4)：455-472.

[69] Upali Amarasinghe. Spatial Variation in Wate Supply and Demand，Draft Research Report across the River Basins India [Z]. International Water Management Insistate，Colombo，Sri Lanka，2000.

[70] Wurbs R. A. Texas water availability modeling system [J]. Journal of Water Resources Planning and Mangement，2005，131 (4)：270-279.

[71] Wurbs R. A. Assessing water availability under a water rights priority system [J]. Journal of Water Resources Planning and Management，2001，127 (4)：235-243.

[72] Jimeneze-Cisneros B.. Warter availability index based on quality and quantity：its application in Mexico [J]. Wat. Sci. Tech.，1996，34 (12)：165-172.

[73] Jimeneze B. E., Garduno H., Dominguez R.. Water availability in Mexico considering quantity, quality and uses [J]. Journal of Water Resources Planning and Management, 1997, 124 (1): 1-7.
[74] 李大军. 西南岩溶山区典型小流域水资源可利用量研究——以贵州普定后寨地下河流域为例 [D]. 贵阳：贵州大学，2008.
[75] 全国水资源综合规划编制工作领导小组办公室. 全国水资源综合规划编制工作文件 [M]. 北京：中国水利水电出版社，2003.
[76] 陈显维. 国内外水资源可利用量概念和计算方法研究现状 [J]. 水利水电快报，2007. 28 (2)：8.
[77] 钟华平. 黑河流域水资源使用权合理分配模式研究 [D]. 南京：河海大学，2006.
[78] 宋素兰. 大兴北野厂灌区生态环境系统需水及健康评价研究 [D]. 北京：中国农业大学，2007.
[79] 周维博，李佩成. 灌溉水资源的分类与功能分析 [J]. 灌溉排水学报，2003，22 (1)：62-67.
[80] 王政友. 纯井灌区灌溉效率分析 [J]. 地下水，2003，25 (1)：34-36.
[81] A. S. Patwardhan, J. L. Nieber, E. L. Johns，等. 有效降雨量的估算方法 [J]. 东北水利水电，1991，5：39-45.
[82] 徐凤琴. 有效降水量浅析 [J]. 气象水文海洋仪器，2009，1：96-100.
[83] 蒋任飞. 基于四水转化的灌区耗水量计算模型研究 [D]. 北京：中国水利水电科学研究院，2007.
[84] 仇亚琴. 水资源综合评价及水资源演变规律研究 [D]. 北京：中国水利水电科学研究院，2006.
[85] 尹立河. 基于多种方法的地下水补给研究——以鄂尔多斯高原为例 [D]. 北京：中国地质大学，2006.
[86] 杜晓舜，夏自强. 洛阳市水资源可利用量研究 [J]. 水文，2003，23 (1)：14-20.
[87] 张顺联. 地下水资源计算与评价 [M]. 北京：水利电力出版社，1992.
[88] 张立福. 浅谈地下水资源的计算与评价 [J]. 水利科技与经济，2010，16 (12)：1328-1332.
[89] 黄永志. 菏泽地区引黄灌溉入渗补给计算方法及对浅层地下水资源量的影响 [J]. 水文，1992：51-55.
[90] 郭元裕. 农田水利学 [M]. 北京：中国水利水电出版社，1997.
[91] 吕建远，刘伟生，郎书尧，等. 对渠道渗漏量计算方法的探讨 [J]. 山东水利，2005：31-32.
[92] 孙夏利. 西安浐灞生态区橡胶坝库区渗漏量及生态需水量研究 [D]. 西安：西安理工大学，2010.
[93] 冯斌. 冲积平原水源地资源量计算 [J]. 中国矿业，2012，21 (6)：117-119.
[94] 惠春莉，罗三强，郭军. 洛惠渠灌区地下水化学性质分析 [J]. 地下水，2001，23 (4)：180-181.
[95] 潘红卫. 灌区水资源合理配置与高效利用研究 [D]. 郑州：华北水利水电学院，2011.
[96] 李万义. 适用于全国范围的水面蒸发量计算模型的研究 [J]. 水文，2000，20 (4)：13-17.
[97] 张戈，井锋，关卓. 大连市中水回用浅析 [J]. 太原师范学院学报，2009，8 (3)：99-102.
[98] 梁杰，康宇炜. 佛山市中水回用浅析 [J]. 环境，2008 (S1)：73.
[99] 刘宏利. 灌区基于多水源的联合运用研究 [D]. 郑州：华北水利水电学院，2012.
[100] 赖明华. 灌区生态需水及水资源优化配置模型研究 [D]. 南京：河海大学，2004.
[101] 刘善建. 区域水资源供需分析方法 [M]. 南京：河海大学出版社，1990.
[102] 唐红强. 引黄灌区地表水地下水联合调度研究 [D]. 郑州：华北水利水电学院，2007.
[103] 陈晓楠，黄强，邱林，等. 基于遗传程序设计的作物水分生产函数研究 [J]. 农业工程学报，2006，22 (3)：6-9.
[104] 刘增进，李宝萍，李远华，等. 冬小麦水分利用效率与最优灌溉制度的研究 [J]. 农业工程学

报，2004，20（4）：58-63.
［105］ 杨林同. 人民胜利渠灌区水资源优化配置探讨［J］. 人民黄河，2001，23（5）：26-29.
［106］ 李云京，张风英，李占柱. 人民胜利渠灌区地上水地下水联合运用管理［J］. 灌溉排水，1997，16（3）：48-50.
［107］ 王立正. 人民胜利渠灌区水资源优化配置模式探讨［J］. 人民黄河，2004，26（9）：26-28.
［108］ 袁宾. 人民胜利渠灌区水盐运动规律及评价［J］. 人民黄河，1992，10：11-14.
［109］ 杨林同，周万银，张锡林. 人民胜利渠灌区引黄灌溉50年成就回顾［J］. 人民黄河，2002，24（3）：23-24.
［110］ 尚德功，左奎孟，马喜东. 人民胜利渠城市供水污染状况及防治对策［J］. 人民黄河，2007，29（10）：59.
［111］ 朱留杰，徐水平. 人民胜利渠灌区水量损失及改善措施［J］. 河南水利，1999，1：33.
［112］ 徐建新. 灌区水资源评价及节水高效灌溉专家系统［D］. 西安：西安理工大学，2000.
［113］ 党耀国，刘世峰，刘斌，等. 基于动态多指标灰色关联决策模型研究［J］. 中国工程科学，2005，7（2）：69-72.
［114］ 邓聚龙. 灰色理论基础［M］. 武汉：华中理工大学出版社，2002.
［115］ 罗党，刘思峰. 灰色关联决策方法研究［J］. 中国管理科学，2005，13（1）：101-106.
［116］ 李洁. 泾惠渠灌区供水调度与优化配置研究［D］. 西安：西安理工大学，2004.
［117］ 张小平. 泾惠渠灌区工程建设管理现状分析［J］. 陕西水利，2008，3：29-30.
［118］ Mckinny D. C，Cai X. M. . Linking CIS and water resources Management models：an object-oriented method［J］. Environmental Modeling & Software，2002，17：413-425.
［119］ K Srinivasan，T. R. Neelakantan. Mixed-Integer Programming Model for Reservoir Performance Optimization［J］. Journal of Water Resources Planning and Management，1999，125（5）.
［120］ 陈庆秋，耿六成. 灌区管理信息系统模块结构设计技术研究［J］. 华北水利水电学院学报，1997，18（3）：28-32.
［121］ 王新房，陈春娥，肖胜. 基于GIS的灌区管理信息系统的设计与实现［J］. 陕西工学院学报，2003，19（4）：1-4.
［122］ 许静，雷声隆. 基于人工神经网络的灌区改造评价［J］. 灌溉排水，2002（2）：1-4.
［123］ 李英能. 我国节水农业发展模式研究［J］. 节水灌溉，1998（2）：1-6.
［124］ 李涛，王同如. 淠史杭灌区节水灌溉发展模式初探［J］. 治淮，1999（7）.
［125］ 龚家栋. 以色列的节水高效农业［J］. 中国沙漠，1997（1）：1-6.
［126］ 李茜. 国外的节水灌溉模式［J］. 合作经济与科技，2002（4）：34-35.
［127］ 高占义. 国外发展节水灌溉经验简介［J］. 中国农业科技导报，2000（5）：8-13.
［128］ M. Chitale. The Eatsave Scenario［C］. International Commission on Irrigation and Drainage，1997.
［129］ 吴文荣. 国内节水灌溉技术的应用现状及发展策略［J］. 河北北方学院学报（自然科学版），2007（4）：38-41.
［130］ 韩娟，陈军，韩波，等. 国内外节水灌溉高新技术比较与研发新方向［J］. 农业科技管理，2005，24（4）：49-51.
［131］ 雷波，姜文来. 节水农业综合效益评价研究进展［J］. 灌溉排水学报，2004（3）：33-34.
［132］ 高玉芳. 沿海缺水灌区地表水地下水联合调配理论及应用研究［D］. 南京：河海大学，2007.
［133］ 徐建新，王萍，沈晋，等. 灌溉模式优选理论与应用研究［J］. 节水灌溉. 2002，6：53-55
［134］ 冯峰，许士国. 灌区水资源综合效益的改进多级模糊优选评价［J］. 农业工程学报. 2009，25（7）：56-61.
［135］ 张会敏，李占斌，姚文艺，等. 灌区续建配套与节水改造效果多层次多目标模糊评价［J］. 水利学报. 2008，39（2）：212-217.

[136] 李慧伶，王修贵，崔远来，等. 灌区运行状况综合评价的方法研究 [J]. 水科学进展. 2006, 17 (4): 543-548.

[137] 陈涛. 多指标综合评价方法的分析与研究 [J]. 科技信息，2008，(9)：350，352.

[138] Eusuff M M, Laney K E. Shuffled frog - leaping algorithm: A memetic meta - heuristic for discrete optimization [J]. Engineering Optimization, 2006, 38 (2): 129-154.

[139] 李翔. 从复杂到有序神经网络智能控制理论新进展 [M]. 上海：上海交通大学出版社，2006.

[140] 邹红娟，林子扬，郭生练. 人工神经网络方法在资源与环境预测方面的应用 [J]. 长江流域资源与环境，2000，9 (2)：237-241.

[141] 冯利华，章明卓. 基于 ANN 的环境质量评价 [J]. 四川环境，2002，21 (3)：43-45.

[142] 张立明. 人工神经网络的模型及其应用 [M]. 上海：复旦大学出版社，1993.

[143] 傅国伟，程声通. 水污染控制规划 [M]. 北京：清华大学出版社，1985.

[144] Alireza Rahimi - Vahed, Ali Hossein Mirzaei. A hybrid multi - objective shuffled frog - leaping algorithm for a mixed - model assembly line sequencing problem [J]. Computers and Industrial Engineering. 2007, 53 (4): 1016.

[145] 王亚敏，潘全科. 基于蛙跳算法的零空闲流水线调度问题优化 [J]. 计算机工程与应用. 2010, 46 (17).

[146] Elbeltagi Emad, Hegazy Tarek, Grierson Donald. A modified shuffled frog - leaping optimization algorithm: Applications to project management [J]. Structure and Infrastructure Engineering, 2007, 3 (1): 53-60.

[147] 李英海，周建中. 一种基于阈值选择策略的改进改进蛙跳算法 [J]. 计算机工程与应用，2007, 43 (35)：33-38.

[148] Yan Zhao, Zeng Chuan Dong, QingHang Li. Evaluation Model and Its Application [C]. Transportation, Mechanical, and Electrical Engineering (TMEE), 2011.

[149] 余华，黄程韦，张潇丹，等. 混合蛙跳算法神经网络及其在语音情感识别中的应用 [J]. 南京理工大学学报，2011，35 (5)：599-663.

[150] 温季，李修印，王立正，等. 人民胜利渠灌区节水改造技术研究 [M]. 郑州：黄河水利出版社，2002.

[151] 杨培岭，李云开，曾向辉，等. 生态灌区建设的理论基础及其支撑技术体系研究 [J]. 中国水利，2009 (14)：32-35.

[152] 张修宇，徐建新，雷宏军，等. 郑州市城市生态环境需水量计算 [J]. 人民黄河，2008, 30 (1)：42-43.

[153] 彭世彰，纪仁婧，杨士红，等. 节水型生态灌区建设与展望 [J]. 水利水电科技进展，2014, 34 (1)：1-7.

[154] 新疆水资源软科学课题研究组. 新疆水资源及其承载力的开发战略对策 [J]. 水利水电技术，1989 (6)：2-9.

[155] Hoekstra A Y, Chapagain A K. Virtual Water Trade: A Quantification of Virtual Water Flows Between Nations in Relation to International Crop Trade [J]. Journal of Organic Chemistry, 2003, 11 (7): 835-855.

[156] 夏军，朱一中. 水资源安全的度量：水资源承载力的研究与挑战 [J]. 自然资源学报，2002, 17 (3)：262-269.

[157] 王浩，秦大庸，王建华，等. 西北内陆干旱区水资源承载能力研究 [J]. 自然资源学报，2004, 19 (2)：151-159.

[158] 左其亭. 水资源承载力研究方法总结与再思考 [J]. 水利水电科技进展，2017，37 (3)：1-6.

[159] 高瑞忠，李和平，佟长福，等. 基于非参数方法的鄂尔多斯市水资源承载力分析 [J]. 水电能源

科学，2010，28（12）：16-18.

[160] 张修宇．变化环境下水资源动态承载力计算方法及应用研究［D］．郑州：郑州大学，2015.

[161] 陈南祥，屈吉鸿．灌区地下水承载力评价理论与实践［M］．北京：科学出版社，2012.

[162] 姚治君，王建华，江东，等．区域水资源承载力的研究进展及其理论探析［J］．水科学进展，2002，13（1）：111-115.

[163] 王志良，李楠楠，张先起，等．基于集对分析的区域水资源承载力评价［J］．人民黄河，2011，33（4）：40-42.

[164] Wang Changhai，Hou Yilei，Xue Yongji. Water Resources Carrying Capacity of Wetlands in Beijing：Analysis of Policy Optimization for Urban Wetland Water Resources Management［J］. Journal of Cleaner Production，2017，161：1180-1191.

[165] 左其亭，张修宇．变化环境下水资源动态承载力研究［J］．水利学报，2015，46（4）：387-395.

[166] 辛松梅，温季，仵峰，等．河南省新乡市水资源承载力评价研究［J］．水利学报，2011，42（7）：783-788.

[167] 张运凤，郭威，徐建新，等．基于最严格水资源管理制度的大功引黄灌区的水资源优化配置［J］．华北水利水电大学学报（自然科学版），2015，36（3）：8-32.

[168] 张修宇，左其亭．变化环境下水资源动态承载力概念及计算方法讨论［J］．人民黄河，2012，34（10）：12-13.

[169] 王建华，翟正丽，桑学锋，等．水资源承载力指标体系及评判准则研究［J］．水利学报，2017，48（9）：1-7.

[170] Zhang Xiuyu，Zuo Qiting. Analysis of Water Resource Situation of the Tarim River Basin and the System Evolution Under the Changing Environment［J］. Journal of Coastal Research，2015，73：9-16.

[171] Zhang Xiuyu，Zuo Qiting. A Study on Concept of Water Resource Carrying Capacity Under Climate Change and Its Computing Methods［C］//Shang Hongqi，Luo Xiangxin，Proceedings of the 5th International Yellow River Forum on Ensuring Water Right of the River's Demand and Healthy River Basin Maintenance. Zhengzhou：Yellow River Water Conservancy Press，2015，Vol Ⅱ：99-105.

[172] 费鑫鑫，李京东，李磊，等．滇池流域水资源承载力评价与驱动力研究［J］．灌溉排水学报，2019（11）：109-116.

[173] 张倩，谢世友．基于水生态足迹模型的重庆市水资源可持续利用分析与评价［J］．灌溉排水学报，2019（2）：93-100.

[174] 左其亭．黄河流域生态保护和高质量发展研究框架［J］．人民黄河，2019（11）：1-6，16.

[175] 郑利民，王军涛，郭卫新，等．黄河下游引黄灌区现代化建设的思考［J］．可持续发展，2019，9（1）：75-82.

[176] 周维博，李佩成．干旱半干旱地域灌区水资源综合效益评价体系［J］．自然资源学报，2003，18（3）：288-293.

[177] 乔鹏帅，齐青青，张泽中，等．集对分析多元模糊模型在灌区评价中的应用［J］．人民黄河，2011，33（9）：101-103.

[178] Xiuyu Zhang，Xuefang Du，Yanbin Li. Comprehensive evaluation of water resources carrying capacity in ecological irrigation districts based on fuzzy set pair analysis［J］. Desalination and Water Treatment，2019，187：63-69.

[179] 方延旭，杨培岭，宋素兰，等．灌区生态系统健康二级模糊综合评价模型及其应用［J］．农业工程学报，2011，27（11）：199-205.

[180] Su Meirong，Xie Hong，Yue Wencong，et al. Urban ecosystem health evaluation for typical Chi-

nese cities along the Belt and Road [J]. Ecological Indicators，2019，101：572-582.

[181] Deng Xiaojun，Xu Youpeng，Han Longfei，et al. Assessment of river health based on an improved entropy-based fuzzy matter-element model in the Taihu Plain，China [J]. Ecological Indicators，2015，57：85-95.

[182] 尹炜，辛小康，梁建奎，等. 基于主成分分析的丹江口水库支流水质评价 [J]. 水电能源科学，2015 (1)：34-38.

[183] 杨丽莉，马细霞. 武嘉灌区水资源配置方案综合评价研究 [J]. 人民黄河，2012 (10)：83-85.

[184] 钱程，穆文平，王康，等. 基于主成分分析的地下水水质模糊综合评价 [J]. 水电能源科学，2016 (11)：31-35.

[185] 姚杰，郭宗楼，陆琦. 灌区节水改造技术经济指标的综合主成分分析 [J]. 水利学报，2004 (10)：106-111.

[186] Hao RX，Li SM，Li JB，et al. Water Quality Assessment for Wastewater Reclamation Using Principal Component Analysis [J]. Journal of Environmental Informatics，2013，21 (1)：45-54.

[187] 季好，陆宝宏. 南京市水资源可持续利用评价 [J]. 水资源保护，2014，30 (1)：79-83.

[188] Zhou Yewang. Utilization efficiency and influencing factors of agricultural water resources in Hubei province [J]. Desalination and Water Treatment，2019，168：201-206.

[189] 皮家骏，欧阳澍，张带琴，等. 基于灰色理论的鄱阳湖水质评价模型研究 [J]. 水力发电，2017 (6)：5-8.

[190] 刘明喆，孔凡青，张浩，等. 基于层次分析法和模糊综合评价的突发水污染风险等级评估 [J]. 水电能源科学，2019 (1)：53-56.

[191] 李鸿吉. 模糊数学基础及实用算法 [M]. 北京：北京科学出版社，2005.

[192] 张华侨，窦明，赵辉，等. 郑州市水安全模糊综合评价 [J]. 水资源保护，2010，26 (6)：42-46，74.

[193] 雷宏军，刘鑫，徐建新，等. 郑州市水资源可持续利用的模糊综合评价 [J]. 灌溉排水学报，2008 (2)：77-81.